SAMMLUNG GÖSCHEN BAND 716

DIE DAMPFTURBINEN

IHRE WIRKUNGSWEISE, BERECHNUNG UND KONSTRUKTION

von

PROF. CONST. ZIETEMANN
Diplom-Ingenieur

III

DIE REGLUNG DER DAMPFTURBINEN, DIE BAUARTEN, TURBINEN FÜR SONDERZWECKE, KONDENSATIONSANLAGEN

Dritte, verbesserte Auflage
Mit 90 Abbildungen

WALTER DE GRUYTER & CO.
vormals G. J. Göschen'sche Verlagshandlung · J. Guttentag, Verlagsbuchhandlung · Georg Reimer · Karl J. Trübner · Veit & Comp.

BERLIN 1956

Archiv-Nr. 110715
Satz: Walter de Gruyter & Co., Berlin W 35
Druck: Paul Funk, Berlin W 35
Printed in Germany

Inhaltsverzeichnis

Erster Abschnitt

Die Reglung der Dampfturbinen

Zweiter Abschnitt

Ausgeführte Turbinenbauarten

Dritter Abschnitt

Turbinen für Sonderzwecke (Gegendruck- und Entnahmeturbinen; Turbinen für Abdampfverwertung

Vierter Abschnitt

Die Kondensationsanlagen der Dampfturbinen

Fünfter Abschnitt

Anwendungsgebiete der Dampfturbinen Entwicklungslinien

Literatur siehe Teil I

Erster Abschnitt

Die Regelung der Dampfturbinen

I. Die Arten der Reglung

1. Die Änderung der Leistung

Aus der Beziehung $N_e = G_{st} : D_e$ oder mit $D_e = 632 : (h_e \cdot \eta_e)$ nach Gl. (77), Teil 1:

$$N_e = h_t \cdot G_{st} \cdot \eta_e : 632 \text{ PS}_e,$$

ist ersichtlich, daß die Leistung von dem verfügbaren Gefälle h_t und von der Dampfmenge G_{st} abhängt. Die Leistung kann demnach geändert werden entweder durch Änderung des Gefälles h_t durch Drosseln oder durch Änderung der stündlichen Dampfmenge G_{st} durch Verändern der Leitquerschnitte, d. h. durch Abschaltungen, oder endlich durch Ändern beider Größen. Dementsprechend unterscheidet man Drosselreglung, Mengen- (Füllungs-, Düsen-) Reglung und vereinigte Drossel- und Mengenreglung.

2. Die Drosselreglung

bewirkt einen Spannungsabfall durch Querschnittverengung im Regel- (Drossel-) Ventil und verringert dadurch das Gefälle (s. Abb. 1), aber auch die durchströmende Dampfmenge. Aus $D_e = 632 : (h_e \cdot \eta_e)$ folgt, daß mit abnehmendem Gefälle der Dampfverbrauch für die PS_e-Stunde bei Teillast zunimmt, so daß die Turbine unwirtschaftlicher arbeitet. Der Verlust an Wärmegefälle wird aber um so kleiner, je höher die Überhitzung und je besser das Vakuum; außerdem beschränkt die Verminderung des Dampfgewichtes den Verlust an Gefälle. Ferner wird wegen der kleineren Dampfgeschwindigkeit c_1 das Verhältnis u/c_1 günstiger (s. Teil I, S. 61), da man meist unterhalb des günstigsten arbeitet; es wird also der Umfangswirkungsgrad η_u besser, aber auch der innere Wirkungsgrad η_i, da wegen der geringeren Dichte die Radreibungs- und Ventilationsverluste kleiner werden. Dagegen können bei zu kleinem c_1 Verluste durch Stoß auf den Schaufelrücken auftreten (Teil I, S. 85). Endlich wird bei geringerer Dampfmenge das Vakuum besser. Durch diese Umstände wird die Drosselreglung bei nicht zu großer Entlastung keine bedeutende Zunahme des Dampfverbrauches für die PS-Stunde ergeben, siehe Abb. 2. Bei großen Belastungsänderungen und bei an sich kleinem verfügbarem Gefälle (Gegendruckturbinen, s. u.) ist die Zunahme des Dampfverbrauches bedeutend; deswegen wird in Fällen, wo zeitweiliger Betrieb mit Teillast in Frage kommt, Abschaltung von Leitquerschnitten vorgesehen.

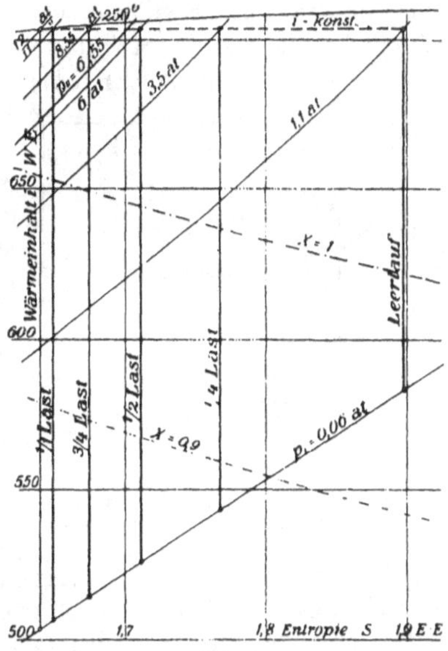

Abb. 1
Änderung des Wärmegefälles bei Drosselreglung

3. Mengen- (Düsen-, Füllungs-, Quantitäts-) Reglung

Hierbei wird der Dampfzustand vor der Leitvorrichtung im Gegensatz zur Drosselreglung nicht geändert, es wird aber durch Abschließen einzelner Düsen oder Leitkanäle das durchströmende Dampfgewicht geändert. Würden bei mehrstufigen Gleichdruckturbinen gleichzeitig auch die Querschnitte der folgenden Stufen durch Verringerung des Beaufschlagungsgrades geändert, so bliebe der Dampfverbrauch fast unverändert, wenn man von der geringen Erhöhung durch die relativ größeren Verluste absieht. Wegen konstruktiver Schwierigkeiten werden jedoch nur die Leitquerschnitte der ersten Stufe geändert, wodurch sich die Verhältnisse in den übrigen Stufen wesentlich ändern und der Wirkungsgrad abnimmt, der Dampfverbrauch zunimmt. Ferner müßte die Änderung der Beaufschlagung kontinuierlich erfolgen, wozu sehr viele Abschaltungen nötig wären; es werden aber aus praktischen Gründen wenig Abschaltungen — bis 6 — ausgeführt, mit Querschnitten von einer gewissen Größe, so daß zwischen 2 Abschaltungen entweder Drosselung oder, bei ruckweise arbeitenden Abschaltungen, ein dauerndes Spielen der Ventile stattfindet. Die Kurve des Dampfverbrauches, Abb. 2, hat deswegen bei den Leistungsgrößen, bei denen Abschaltungen vorgesehen sind, 2 Werte für den Dampfverbrauch, den unteren bei Abschaltung, den oberen bei offenem Abschaltventil, also Drosselung zwischen den Abschaltungen, wodurch sich die Zickzackform der Kurve ergibt, während der idealen Düsenreglung die gestrichelte Kurve entspricht. Bei reinen Überdruckturbinen ist Mengenreglung nicht möglich.

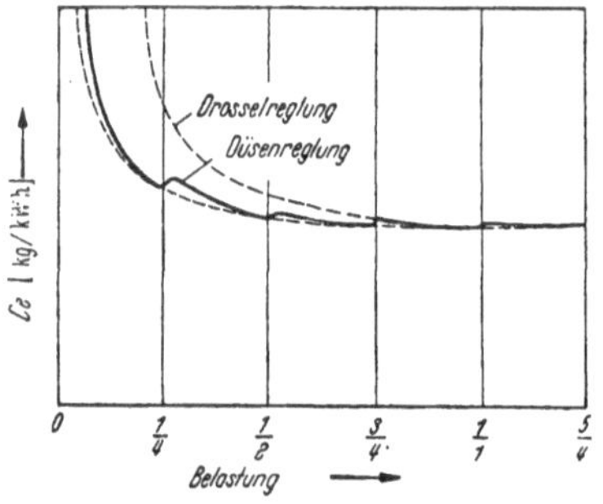

Abb. 2. Änderung des Dampfverbrauchs bei Drossel- und Füllungsreglung u. Teilbelastung

Sind keine starken dauernden Belastungsschwankungen zu erwarten, so genügt Abschaltung von Hand bei Eintritt einer längere Zeit andauernden Änderung; bei häufigen starken Belastungsschwankungen wird meist automatische Düsenreglung angewendet, die aber eine kompliziertere Konstruktion erfordert.

4. Vereinigte Drossel- und Mengenreglung

Genau genommen, ist die Düsenreglung mit ihrer stufenweisen Abschaltung eine Vereinigung beider Reglungsarten, da zwischen den Abschaltungen Drosseln stattfindet, andernfalls die Reglung pendeln würde; ebenso könnte die Drosselreglung mit Abschaltungen bei einigen Belastungsgrößen als Vereinigung angesehen werden. Man bezeichnet jedoch als vereinigte Reglung eine solche Reglung, bei der beide Reglungsarten nacheinander zur Anwendung kommen, derart, daß bei kleinen Belastungen, die selten vorkommen, etwa bis $^1/_2$ Last, reine Drosselreglung, bei höherer Belastung bis zur Überlastung Mengenreglung vorgesehen wird, d. h. es ist eine Anzahl Leitquerschnitte dauernd offen, die übrigen sind, meist automatisch, abschaltbar. Dadurch ergeben sich feinere Abstufungen. Charakteristisch sind

5. die Eigenschaften der Reglungsarten,

die theoretisch abzuleiten sind und durch die Erfahrung bestätigt werden.

Bei Drosselreglung gilt bei genügend tiefem Gegendruck (Vakuum) folgendes:

a) die Durchflußmenge G_{st} bzw. G_{sek} ist dem absoluten Druck vor dem ersten Leitapparat proportional;

b) die Nutzleistung nimmt linear mit dem absoluten Druck zu;

c) der Leerlaufsdampfverbrauch ist etwa 10% des Verbrauches bei Vollast;

d) die Stufendrücke nehmen linear mit G_{st} bzw. G_{sek} zu. Bei Füllungsreglung ist letzteres auch der Fall, mit Ausnahme der letzten Stufe.

Bei Verringerung der Belastung konzentriert sich die Leistung im Hochdruckteil, und zwar bei Füllungsreglung stärker als bei Drosselreglung; erstere ist deshalb weniger empfindlich gegen Schwankungen des Vakuums. Bei Füllungsreglung nimmt bei Teilbelastung das adiabatische Gefälle der ersten Stufe zu, in den mittleren bleibt es gleich, und in der letzten nimmt es ab. Bei Drosselreglung wird fast nur das Gefälle der letzten Stufe geändert.

Bei Gleichdruckturbinen können beide Reglungsarten angewendet werden, ebenso bei kombinierten Gleichdruck-Überdruckturbinen, doch erhalten diese meist automatische Düsenreglung. Reine Überdruckturbinen können nur Drosselreglung erhalten wegen der vollen Beaufschlagung.

Bei höherem Gegendruck gelten die obigen Sätze nicht mehr genau, die Abhängigkeit ist nicht geradlinig, sondern ein Schnitt des „Kegels der Dampfgewichte", wie von Stodola angegeben[1]).

Die Drossellinie $i =$ konst. stimmt ungefähr mit der Kurve $pv =$ konst. überein, und da nach obigem Satz a) $G_{sek} = k \cdot p$, wenn k ein Proportionalitätsfaktor, so ist mit $p =$ konst. : v

$$G_{sek} = K : v \qquad \text{oder} \qquad G_{sek} \cdot v = \text{konst.},$$

d. h. das sekundlich durch die Turbine strömende Dampfvolumen ist bei Drosselreglung konstant. Da

$$G_{sek} = kp = k\sqrt{pp} = k\sqrt{p \cdot (k/v)} = C'\sqrt{p/v},$$

[1]) Stodola, Dampf- u. Gasturbinen, s. Literatur, Teil I oder Zietemann, Die Dampfturbine, s. Literatur, Teil I.

so ist

$$G_{st} = 3600\, G_{sek} = C \sqrt{p/v}.$$

Durch Messung von G_{st} kann somit die Konstante C einer Turbine ermittelt werden. Dieselbe dient bei späteren Messungen als Kontrolle, ob G_{st} richtig gemessen, da sich mit G_{st} dieselbe Konstante ergeben muß.

Der Druckverlauf bei Belastungsänderung bei Drosselreglung kann ermittelt werden, da der Anfangszustand aus der Proportionalität von Leistung und Druck vor dem I. Leitapparat bestimmt ist und ferner die Dampfmenge G_{st} diesem Druck proportional ist. Man kann sich zur Bestimmung des Endzustandes der Verfahren von Zerkowitz[1]), Loschge[2]), Baer[3]), Forner[4]) u. a. bedienen, auf die hier verwiesen sei[5]).

Man kann aber auch den Endzustand der letzten Stufe im *is*-Diagramm annehmen — er wird je nach der Belastung mehr oder weniger über dem Endzustand bei Normallast liegen — und die Rechnung rückwärts durchführen, die in den Anfangszustand führen muß. Man schätzt die Verluste, erhält dadurch den Endzustand der adiabatischen Expansion, ermittelt die dem Leitradquerschnitt und dem Zustand entsprechende Geschwindigkeit c_1 bzw. c_0 und findet durch Abtragen des zugehörigen Gefälles den Anfangsdruck der Stufe usf. bis zur ersten Stufe. Gelangt man nicht in den der Belastung entsprechenden Anfangszustand, so ist die Rechnung mit neuer Annahme zu wiederholen. Bei einiger Übung stimmt schon die erste Annahme, so daß dieses Verfahren schnell zum Ziele führen kann.

---

[1]) Die Thermodynamik der Turbomaschinen, s. Literatur, Teil I.
[2]) Z. f. d. ges. Turbw. 1911, s. Literatur, Teil I.
[3]) Z. d. V. D. I. 1909.
[4]) Z. d. V. D. I. 1909, S. 674.
[5]) S. auch Zietemann, Die Dampfturbinen, Literatur, Teil I.

II. Die Berechnung der Regelventile

1. Die Hauptabmessungen der Ventile, die meist als Doppelsitzventile ausgeführt werden, ergeben sich aus den erforderlichen Querschnitten. Bei hohen Temperaturen werden Ventile auch als Tellerventile mit Diffusorwirkung ausgeführt. Die Regelventile der Dampfturbinen werden fast ausnahmslos mit vollständiger Entlastung, also gleichem

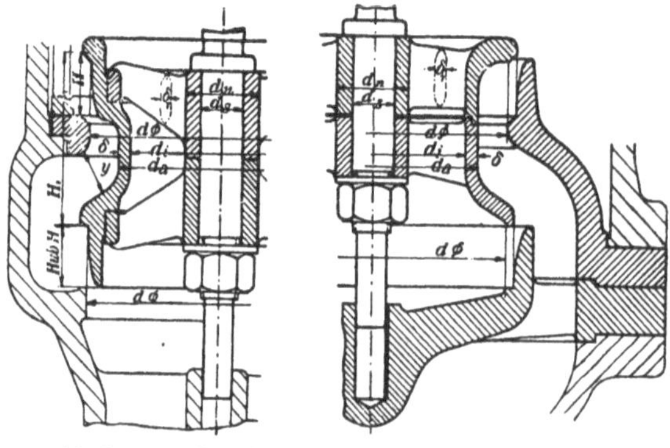

Abb. 3 Berechnung der Regelventile Abb. 4

Durchmesser beider Sitze, ausgeführt. Nach Annahme des Spindeldurchmessers d_s, Abb. 3 und 4 ($d_s = 10-40$ mm für $d = 60-350$ mm), wird der Nabendurchmesser d_n nach konstruktiven Rücksichten gewählt, wobei d zunächst überschläglich nach Schätzung der Verengung durch den Ventilkörper, die Arme und die Nabe zu 0,2 bei großen, bis 0,4 bei kleinen Ventilen aus der Beziehung (Kontinuitätsgleichung)

$$(1) \qquad \frac{\pi d^2}{4}(1 - 0{,}2 \text{ bis } 0{,}4) \cdot w = G_{\text{sek}} v$$

errechnet werden kann, mit der Dampfgeschwindigkeit $w = 25$ bis 30 m/sek, bei sehr großen Leistungen mehr (bis 60 m/sek).

In der Annahme, daß durch beide Querschnitte je die halbe Dampfmenge durchströmen soll, wird der innere Ventildurchmesser d_i ermittelt aus

$$(2) \qquad \frac{\pi d_i^2}{4} - \frac{\pi d_n^2}{4} - i \cdot \delta_r \frac{(d_i - d_n)}{2} = \frac{G_{\text{sek}} v}{2w} = F/2,$$

worin i die Zahl, δ_r die Stärke der Arme ($\delta_r = 6$ bis 12 mm). Um die quadratische Gleichung zu vermeiden, kann $(d_i - d_n)$ geschätzt werden. Der Querschnitt im Ventil soll etwa 25% größer sein als der Querschnitt der Rohrleitung, um wegen der starken Richtungsänderung des Dampfstrahles Drosseln zu vermeiden. Wird die Wandstärke δ konstruktiv gewählt ($\delta = 6$ bis 12 mm), so folgt $d_a = d_i + 2 \cdot \delta$ und

$$(3) \qquad \frac{\pi d^2}{4} - \frac{\pi d_a^2}{4} = \frac{G_{\text{sek}} v}{2w} = \frac{F}{2},$$

woraus der genauere Durchmesser d errechnet wird.

Die Ventilhöhe H_1 ergibt sich aus dem Ventilhub H und der Forderung, daß bei vollem Ventilhub die Strecke y den reichlichen Durchgangsquerschnitt $F/2$ ergeben muß. Der Hub H wird wesentlich größer angenommen als bei den Kolbenmaschinen, da, um

2. die Drosselquerschnitte zu erhalten, die Ventile mit einem Drosselkegel am Ventil, Abb. 3, oder am Sitz, Abb. 4, versehen werden, so daß sich der Hub proportional mit der Belastung ändert. Da die Nutzleistung mit dem Druck vor dem I. Leitapparat linear zunimmt (S. 9) und die Dampfmenge diesem Druck proportional ist, so wird, wenn bei Vollast und bei der Dampfmenge G_{st} dieser Druck p ist, der Druck bei einer Leistung N'_e mit der Dampfmenge G'_{st} $p' = p \cdot G'_{st}/G_{st}$ sein. Ist somit der Dampfverbrauch außer für Vollast noch für eine andere Belastung bekannt oder nimmt man ihn für Leerlauf zu $\sim 10\%$ des Vollastverbrauches an, so kann der stündliche Dampfverbrauch über

der Leistung als Gerade aufgetragen werden, Abb. 5. Damit ist dann auch der Druck vor dem I. Leitapparat, auf den gedrosselt werden muß, bekannt, und es kann das Volumen v im Drosselventil aus dem is-Diagramm auf der Druckkurve, Abb. 1, entnommen oder errechnet [Gl. (1) bzw. (3), Teil I] und in Abb. 5 eingetragen werden. Durch das Wärmegefälle

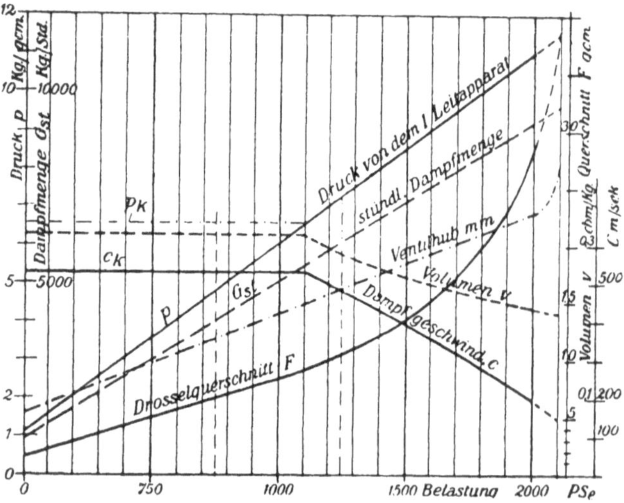

Abb. 5. Ermittlung der Drosselquerschnitte

vom Anfangs- bis auf den Enddruck der Drosselung kann nun auch die erreichte Dampfgeschwindigkeit c im Ventilquerschnitt ermittelt und eingetragen werden, worauf der erforderliche Querschnitt $F = G_{\text{sek}} \cdot v : c$ bestimmt wird. Da im Drosselquerschnitt höchstens die kritische Geschwindigkeit c_k erreicht werden kann, so kommt beim Drosseln unter den kritischen Druck für die Querschnittsberechnung der kritische Zustand in Frage, wie in Abb. 5 angegeben. Der

Ventilhub kann bis Vollast linear mit der Belastung zunehmen, obgleich die Querschnitte rasch anwachsen. Um noch etwas Überlastung oder bei etwas gesunkenem Dampfdruck noch volle Last zu erhalten, wird Hub und Querschnitt noch für etwas höhere Belastung bemessen. Die Begrenzung des Drosselkegels ergibt sich, wenn nach Abb. 6 das Ventil in verschiedenen Stellungen gezeichnet wird, wobei es bequemer ist, den Kegel feststehend und den Sitz bewegt anzunehmen, wie es bei Anordnung des Drosselkegels am Sitz der Fall ist. Der Ringspalt muß jeweils gleich $F/2$ für die betreffende Belastung sein. Daraus ergibt sich dann die in Abb. 6 dargestellte Form des Drosselkegels.

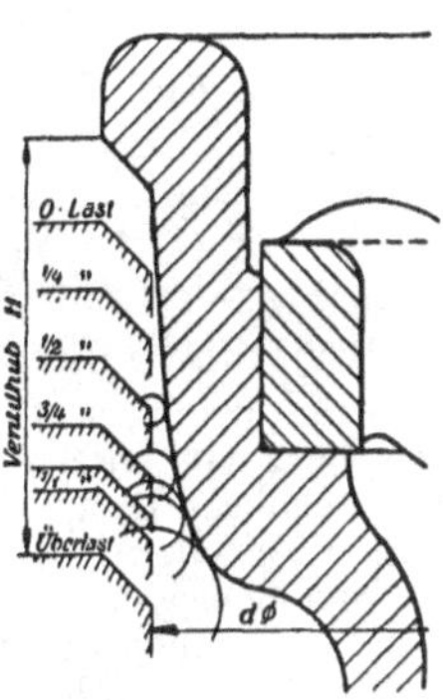

Abb. 6. Drosselkegel

Bei Leerlauf hat das Ventil schon einen gewissen Hub, etwa 6—8 mm.

Soll das Ventil nur bis zu einer bestimmten Belastung drosseln (vereinigte Drossel- und Düsenreglung), so wird der Drosselkegel entsprechend kürzer, damit bei weiterem Hub der ganze Querschnitt frei ist.

Beispiel. Es sei für $N_e = 2000$ PS, $p = 12$ ata, 250 C vor dem Ventil, $p_0 = 0{,}06$ at., $D_e = 4{,}60$ kg/PS/h, somit $G_{st} = 2000 \cdot 4{,}6 = 9200$ kg/h oder $G_{sek} = 9200 : 3600 = 2{,}55$ kg/s; dann wird mit $v = 0{,}210$ m³/kg und der Annahme $w = 30$ m/s und der Verengung 0,25 der überschlägliche Ventildurchmesser nach Gl. (1):

$$d = \sqrt{\frac{4\,G_{sek}\,v}{\pi\,(1 - 0{,}25)\,w}} = \sqrt{\frac{4 \cdot 2{,}55 \cdot 0{,}21}{\pi\;0{,}75 \cdot 30}} = \sqrt{0{,}0303}$$
$$= 0{,}173 \text{ m} = 175 \text{ mm}.$$

Angenommen werde $d_s = 28$ mm, $d_n = 50$ mm; dann wird mit $i = 4$ Armen und $\delta_r = 8$ mm, wenn d_i zunächst zu 125 mm geschätzt wird:

$$\frac{F}{2} = \frac{G_{\text{sek}}\,v}{2w} = \frac{2{,}55 \cdot 0{,}21}{2 \cdot 30} = 0{,}00893\ \text{m}^2 = 89{,}3\ \text{cm}^2$$

und nach Gl. (2):

$$\frac{\pi d_i^2}{4} = 89{,}3 + \frac{\pi \cdot 5^2}{4} + 4 \cdot 0{,}8\,\frac{12{,}5 - 5}{2} = 89{,}3 + 19{,}6$$

$$+ 12 = 120{,}9\ \text{cm}^2,$$

$$d_i = \sqrt{120{,}9 \cdot 4 : \pi} = 12{,}5\ \text{cm} = 125\ \text{mm};$$

$$d_a = d + 2\delta = 125 + 16 = 140\ \text{mm},$$

$$\frac{\pi d^2}{4} = \frac{F}{2} + \frac{\pi d_a^2}{4} = 89{,}3 + \frac{\pi \cdot 140}{4} = 89{,}3 + 154 = 243{,}3\ \text{cm}^2;$$

$$d = 176\ \text{mm};\ d \cong 180\ \text{mm}.$$

Der kritische Druck ist $p_k = 0{,}5457 \cdot 12 = 6{,}55$ at und die kritische Geschwindigkeit $c_k = 333\sqrt{12 \cdot 0{,}21} = 530$ m/s; dem entspricht ein Gefälle $h_t = 33{,}5$ kcal/kg und $v_k = 0{,}314$ m³/kg. Die stündliche Dampfmenge ist bei Leerlauf $G_{\text{st}} = 920$ kg/h (bzw. $G_{\text{sek}} = 0{,}255$ kg/s).

Nun können die Geraden für die Drücke und die Dampfmengen über der Leistung aufgetragen werden, Abb. 5, wobei angenommen wurde, daß der Druck bei Vollast auf 11 at gedrosselt wird. Wie ersichtlich, wird bei einer Belastung $N_e = 1100$ auf den kritischen Druck gedrosselt, bis zu dieser Belastung ist also mit c_k und v_k zu rechnen. Nun werden für einige Belastungen, etwa $^1/_4$, $^1/_2$, $^3/_4$, $^1/_1$ und Zwischenwerte, die Drücke vor dem ersten Leitapparat entnommen und das bei Drosselung auf diese Drücke verfügbare Wärmegefälle h_t aus dem *is*-Diagramm ermittelt, die Dampfgeschwindigkeit $c = 91{,}5\sqrt{h_t}$ und das Volumen v am Ende der Expansion bestimmt. Damit werden die Drosselquerschnitte F errechnet und ebenfalls über der Leistung in Abb. 5 aufgetragen. Die Werte sind aus folgender Zusammenstellung ersichtlich:

Belastung:	0	500	750	1000	1100	1250
p at =	1,10	3,55	4,80	6,00	6,55	7,28
h kcal =	33,5	33,5	33,5	33,5	33,5	27,5
c m/s =	530	530	530	530	530	480
v m³/kg =	0,314	0,314	0,314	0,314	0,314	0,289
G_{st} kg/h =	920	3000	4050	5050	5480	6100
G_{sek} kg/s =	0,26	0,833	1,125	1,4	1,523	1,694
F mm² =	154	494	667	830	903	1020

Belastung:	1500	1650	1800	2000	2100
p at =	8,55	9,30	10,0	11,0	11,5
h kcal =	17,5	11,3	9,0	4,7	2,5
c m/s =	383	308	275	198	145
v m³/kg =	0,260	0,242	0,232	0,216	0,21
G_{st} kg/h =	7140	7750	8360	9200	9600
G_{sek} kg/s =	1,983	2,15	2,32	2,55	2,67
F mm² =	1293	1690	1960	2770	3860

Der ganze Hub des Drosselventils sei 40 mm, davon seien 8 mm für Leerlauf und 34 mm für Vollast angenommen, die weiteren 6 mm bleiben für Überlast. Weitere Überlastung ist durch ein besonderes Überlastungsventil (S. 36) möglich.

Nun können die Durchmesser des Drosselkegels nach Abb. 6 ermittelt werden, die für dieses Beispiel gezeichnet ist.

3. Die Abschaltquerschnitte bei Düsenreglung ergeben sich aus der erforderlichen Dampfmenge.

Es sei F der Querschnitt der Düsen bei Vollast mit z offenen Kanälen, so ist bei einer anderen Belastung der erforderliche Querschnitt $F_x = G'_{\text{sek}} v_k : c_k$ mit der dieser Belastung entsprechenden Dampfmenge

$$G'_{\text{sek}} = D'_e N'_e : 3600 \text{ kg/s};$$

da bei Düsenreglung das Gefälle der ersten Stufe zunimmt, so wird, auch wenn bei Vollast das kritische Druckverhältnis nicht überschritten wurde, sich bei kleinerer Last im Drosselquerschnitt der kritische Druck einstellen. Die Zahl der bei dieser Belastung offenen Kanäle ist dann $z_x = z \cdot F_x/F$ und muß natürlich auf eine volle Zahl abgerundet werden, so daß die gewünschte Belastung nicht absolut genau eingehalten wird. Auf diese Weise werden die offenen Kanäle für eine Reihe von Belastungen bestimmt und danach die Abschaltventile bemessen wie Drosselventile, jedoch mit kleinerem oder ohne Drosselkegel. Im letzteren Falle öffnen die Ventile ruckweise, sie sind ganz geöffnet oder ganz geschlossen, da das Drosseln zwischen den Abschaltungen unwirtschaftlich ist.

Beispiel. Es seien die Abschaltungen bei $^7/_8$, $^3/_4$ und $^1/_2$ Last zu berechnen für eine Turbine mit reinen Druckstufen von $N_e = 2000\ PS_e$, $n = 3000$ bei 11 at Überdruck, 250 C vor dem Einlaßventil und einem Druck im Abdampfstutzen $p_0 = 0{,}09$ ata. Unter $^1/_2$ Last sei reine Drosselregelung angenommen.

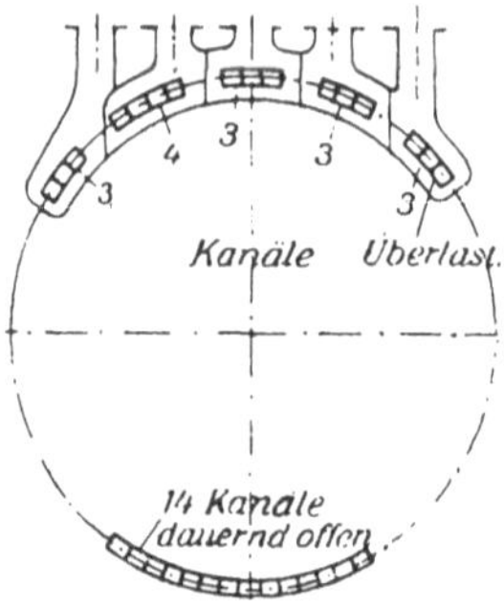

Abb. 7
Abschaltungen bei Düsenreglung

Die Turbine ist wie Beispiel S. 43, Teil II, durchgerechnet; danach ist für Vollast $D_e = 4{,}80$ kg/PS/h, $G_{\text{sek}} = 2{,}67$ kg/s und die Zahl der offenen Kanäle 27. Die Zunahme des Dampfverbrauches bei gleichbleibender Kühlwassermenge sei nach Zahlentafel Teil I, S. 124: für $^7/_8$ Last $1^0/_0$, für $^3/_4$ Last $3^0/_0$ und für $^1/_2$ Last $9^0/_0$. Da bei Vollast das kritische Druckverhältnis überschritten ist, ist auch für Teillast mit $c_k = 505$ m/s und $v_k = 0{,}36$ m³/kg zu rechnen. Die Querschnitte bzw. die Anzahl der offenen Kanäle ist der Dampfmenge proportional; dann ist

für $^1/_2$ Last:

$$D_{e(^1/_2)} = 1{,}09 \cdot 4{,}80 = 5{,}23 \text{ kg/s};$$
$$G_{\text{sek}(^1/_2)} = 1000 \cdot 5{,}23 : 3600 = 1{,}452 \text{ kg/s};$$
$$z_{^1/_2} = 27 \cdot 1{,}452 : 2{,}67 \simeq 14 \text{ Kanäle};$$

für $^3/_4$ Last:

$$D_{e(^3/_4)} = 1{,}03 \cdot 4{,}80 = 4{,}944 \text{ kg/PS/h};$$
$$G_{\text{sek}(^3/_4)} = 2{,}06 \text{ kg/s};$$
$$z_{^3/_4} = 27 \cdot 2{,}06 : 2{,}67 = 21 \text{ Kanäle};$$

für $^7/_8$ Last:

$$D_{e(^7/_8)} = 1{,}01 \cdot 4{,}80 = 4{,}848 \text{ kg/PS/h};$$
$$G_{\text{sek}(^7/_8)} = 2{,}36 \text{ kg/s};$$
$$z_{^7/_8} = 27 \cdot 2{,}36 : 2{,}67 = 24 \text{ Kanäle}.$$

Um gleichmäßigere Abschaltung zu erhalten, sei zwischen $^1/_2$ und $^3/_4$ noch eine Unterteilung vorgesehen, so daß auch etwa $^5/_8$ Last erreicht werden kann; ferner seien noch 3 Kanäle für Überlastung angenommen. Es ergibt sich alsdann folgende Schaltung (Abb. 7):

$^1/_2$ Last = 1000 PS_e : 14 Kanäle (dauernd offen),
$^5/_8$ Last = 1250 PS_e : 14 + 3 = 17 Kanäle,
$^3/_4$ Last = 1500 PS_e : 14 + 3 + 4 = 21 Kanäle,
$^7/_8$ Last = 1750 PS_e : 14 + 3 + 4 + 3 = 24 Kanäle,
$^1/_1$ Last = 2000 PS_e : 14 + 3 + 4 + 3 + 3 = 27 Kanäle,
$^9/_8$ Last = 2250 PS_e : 14 + 3 + 4 + 3 + 3 + 3 = 30 Kanäle.

III. Anordnung der Reglung

1. Die Anforderungen, die an die Reglung gestellt werden, sind stetige Wirkung, bei Belastungsänderungen Erreichung des neuen Beharrungszustandes in kürzester Zeit bei möglichst geringer Ungleichförmigkeit, Vermeidung des Überregulierens (Pendeln) und die Möglichkeit, während des Betriebes die Drehzahl in mäßigen Grenzen (meist $\pm$ 5%) ändern zu können (s. S. 22).

Natürlich muß jeder Belastung eine andere Stellung des Regelventils bzw. eine andere Anzahl offener Leitquerschnitte, also auch eine andere Stellung der Reglermuffe und folglich eine andere Drehzahl entsprechen, doch soll die hierzu erforderliche Änderung der Drehzahl möglichst klein sein.

Im allgemeinen beträgt die durch die Leistungsänderung bedingte Änderung der Drehzahl bei plötzlicher Ent- oder Belastung um 25% nicht mehr als $\pm$ 1,5% vorübergehend und im Beharrungszustande nicht mehr als $\pm$ 0,5%; bei plötzlicher Entlastung von Vollast auf Leerlauf beträgt die vorübergehende Steigerung etwa 5%, die im Beharrungszustande bleibende etwa 4%.

2. Direkte Reglung, d. h. Betätigung des Regelventils unmittelbar durch den Fliehkraftregler, ist nur bei kleinen Leistungseinheiten anwendbar, bei denen die Ventilwiderstände gering sind. Abb. 8 zeigt das Schema einer direkten Reglung; bei Entlastung steigt die Muffe *M* des Reglers *R*, wodurch das Drosselventil *V*, das als vollständig entlastetes Doppelsitzventil ausgebildet wird, so weit geschlossen wird,

bis die Dampfmenge der Leistung entspricht. Weitere Ausführungen zeigen Abb. 27—31. Zuweilen wird das Regelventil nicht vom Fliehkraftregler, sondern von einem Druckregler beeinflußt. z. B. bei Antrieb von Kesselspeisepumpen, Kompressoren u. dgl.

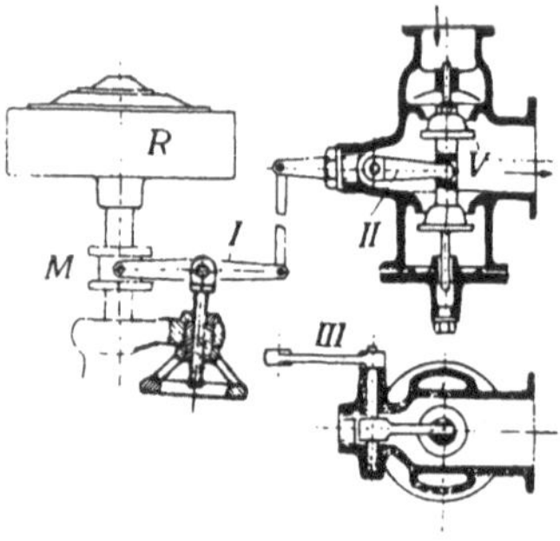

Abb. 8. Direkte Reglung

Da bei größeren Ventilen die Widerstände beträchtlich sein können, so müßten sehr schwere Regler angewendet werden, und es bestände immer die Gefahr, daß die Ventile hängenbleiben. Deswegen wird bei größeren Einheiten durchweg indirekte Reglung mit Krafttriebe als Drosselreglung oder automatische Düsenreglung angewendet.

3. Indirekte Drosselreglung. Bei dieser wird das Drosselventil von einem durch Drucköl betätigten Kraftkolben (Servomotor), der auf der verlängerten Ventilspindel sitzt, verstellt. Der Regler verstellt seinerseits einen Steuerschieber (Hilfsschieber), der das Drucköl über oder unter den Servomotorkolben treten läßt. Die Anordnung muß aber derart sein, daß die Bewegung des Regelventils den Steuerschieber in seine Mittellage (neutrale Lage) zurückführt und weitere Ölzufuhr zum Servomotor verhindert; ohne diese Rückführung ist die Reglung unbrauchbar, da sich der Kolben stets in seinen Endlagen bewegen würde, was Überregulieren und dauerndes Pendeln der Reglung zur Folge hätte. Abb. 9 veranschaulicht das Schema einer Servomotorenreglung. Steigt bei Entlastung die Umlaufzahl und damit die Muffe des Reglers R in die Lage 1, so wird durch den Regulierhebel H_1, der zunächst an der Ventilspindel

einen Fixpunkt hat, der Steuerschieber S nach oben verschoben (Stellung „a"), wodurch das durch r in das Steuerschiebergehäuse tretende Drucköl durch das Rohr r_1 über den Kolben K geleitet wird – das unter dem Kolben befindliche Öl kann durch r_2 ablaufen – und diesen samt Ventil V so weit nach unten bewegt (Stellung I), bis der Hebel H_1, der nunmehr an der Reglermuffe seinen Drehpunkt hat, den Schieber in seine ursprüngliche Lage O zurückführt, in der beide Leitungen r_1 und r_2 abgesperrt sind. Da-

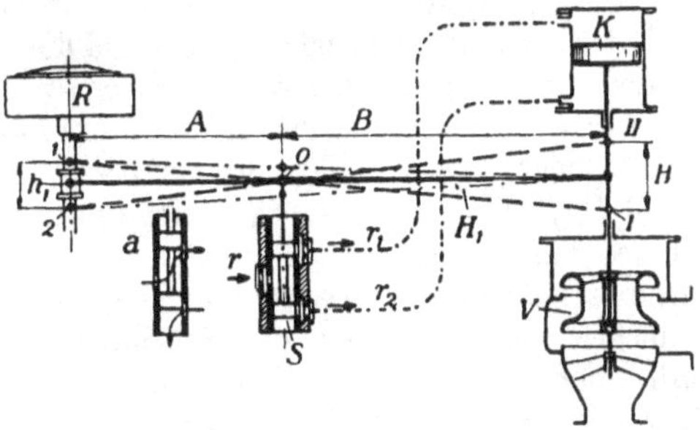

Abb. 9. Servomotorreglung

mit ist der Regelvorgang bis zur weiteren Verstellung durch den Regler R beendet. Bei Zunahme der Belastung ist die Verstellung umgekehrt.

Es muß somit ein bestimmter Zusammenhang bestehen zwischen den Hebellängen und den Hüben; ist H der ganze Ventilhub und h_1 der zugehörige Reglerhub, welcher der Drehzahländerung von Vollast bzw. etwas Überlast bis zum vollständigen Schließen des Ventils entspricht, so muß die Beziehung (Abb. 9) $A : B = h_1 : H$ bestehen, wodurch bei konstruktiv gegebener Strecke $A + B$ die Lage des Steuerschiebers bestimmt wird. Der gesamte Reglerhub ist mit Rücksicht auf die Drehzahlverstellung zu ermitteln, s. S. 23.

4. Die automatische Düsenreglung soll das aufeinanderfolgende Öffnen bzw. Schließen der Zuschaltventile bewirken; die Betätigung der Ventile erfolgt entweder vom Servomotorkolben aus, Abb. 20, oder, als Servomotor mit Drehkolben ausgebildet, mittels Hebel, die von den auf der Kolbenwelle sitzenden Nocken bewegt werden, Abb. 18, 22 u. 23; oder aber die Ventile werden durch Drucköl betätigt, das unter die Kolben der Zuschaltventile geleitet wird, Abb. 21. Es muß jeder Reglerstellung eine bestimmte Zahl offener Ventile bzw. Leitquerschnitte entsprechen.

5. Die Änderung der Drehzahlen der Turbine während des Betriebes muß leicht möglich sein, um die Turbine mit anderen Maschinen parallel schalten oder die Förderhöhe bei direktem Antrieb von Pumpen oder Kompressoren ändern zu können. Meist beträgt die verlangte Drehzahländerung $\pm 5\%$. Die Verstellung kann erfolgen durch Verschieben des Regulierhebelangriffspunktes an der Reglermuffe (selten ausgeführt) meist durch Verschieben eines Zwischenhebels, durch Verlegen des Hebeldrehpunktes an der Ventilspindel oder endlich durch Verschieben der Büchse des Steuerschiebers (Abb. 12). Es entspricht dann der neuen Hebellage bzw. der neuen Stellung der Steuerschieberbüchse eine andere Mittelstellung des Steuerschiebers und somit der Reglermuffe, d. h. eine andere Drehzahl.

Es sei a der Ungleichförmigkeitsgrad des Reglers — normal 4% —, $\pm b\%$ die gewünschte Drehzahlverstellung — normal $\pm 5\%$ — und h_r der rechnungsmäßige Reglerhub, so ist nach Abb. 10 beim Verschieben der Büchse des Steuerschiebers:

$$h_r = \frac{a + 2b}{a} \cdot \frac{A}{B} H \tag{4}$$

und der dem Ventilhub H entsprechende Reglerhub:

$$h_1 = \frac{a}{a + 2b} \cdot h_r. \tag{5}$$

Die Verschiebung der Muffenstellung zur Drehzahlverstellung ist $h_2 = h_r \cdot b : (a + 2b)$, so daß bei + 5% Verstellung die Muffenbewegung h_1, die dem ganzen Ventilhub entspricht, die Strecke 1′ – 2′ ist (Hebelgrenzlagen gestrichelt) und bei – 5% die Strecke 1″ – 2″ (Hebelgrenzlagen strichpunktiert). Dazu muß die Steuerschieberbüchse um $s = h_2 \cdot B : (A + B)$ nach oben bzw. unten verschoben werden.

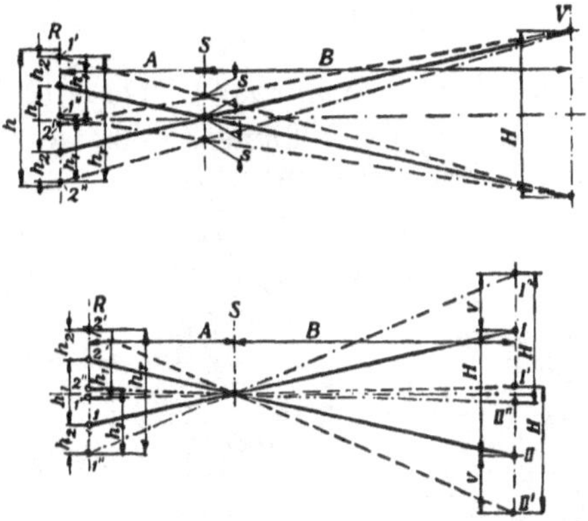

Abb. 10 u. 11. Änderung der Drehzahl

Ganz ähnlich liegen die Verhältnisse bei Verstellung des Hebels an der Ventilspindel, Abb. 11, von $I - II$ (normale Drehzahl) nach $I' - II'$ (+ 5%, gestrichelte Lagen) bzw. $I'' - II''$ (– 5%, strichpunktierte Grenzlagen). Die Verstellung an der Spindel ist dann $v = h_2 \cdot B : A$.

Der ganze Reglerhub h wird nach oben und unten um etwa 2 mm größer genommen, um auch bei kleinen Ungenauigkeiten mit Sicherheit Schließen des Regelventils zu erhalten, also

$$h = h_r + 4 \text{ mm}.$$

Der gesamte Ungleichförmigkeitsgrad des Reglers ist alsdann:

(6) $$\delta = (a + 2b) \cdot (h_r + 4) : h_r \, \%.$$

Die Verstellung der Drehzahl kann von Hand oder durch Elektromotor, der vom Schaltbrett aus bedient wird, erfolgen.

IV. Ausgeführte Regelvorrichtungen

1. Direkte Reglung

Direkte Reglungen von Kleinturbinen, wie sie Abb. 8 im Schema zeigt, s. Abb. 27 bis 31.

2. Indirekte (Servomotor-) Drosselreglung

a) Die Reglung der Wumag-Turbine zeigt Abb. 12; sie entspricht dem Schema Abb. 9.

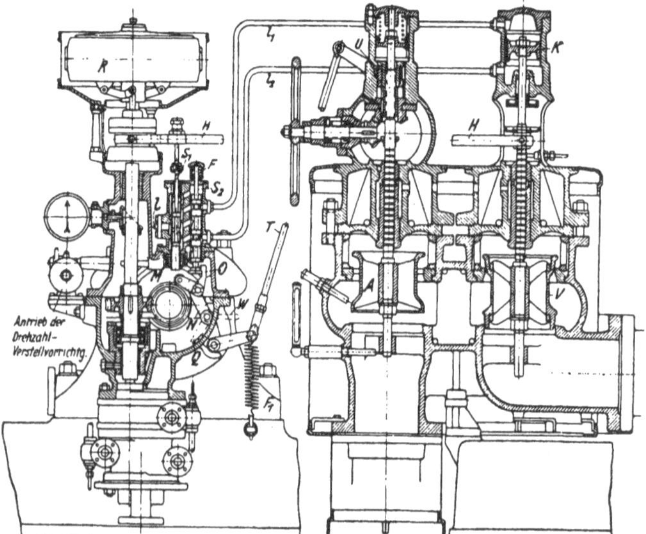

Abb. 12. Drosselreglung der Wumag

Steigt die Muffe des Reglers R bei Entlastung, so wird der Hebel H, der an der Ventilspindel drehbar befestigt ist, gehoben, damit auch der Steuerschieberkolben S_1, wodurch das in der Mitte des Schiebers eintretende Drucköl durch l_1 über den Servomotorkolben geleitet wird, während das Öl unter dem Kolben durch l_2 austreten kann. Der Kolben K senkt das Ventil V und führt durch den Hebel H den Schieber S_1 zurück, bis beide Leitungen l_1 und l_2 abgeschlossen sind. Die Änderung der Umlaufzahl wird durch Verstellen der Büchse des Steuerschiebers S_1 mittels Handrades oder Motors, zwischen den eine Rutschkupplung eingeschaltet ist, bewirkt.

Abb. 13 zeigt ein Drosselventil V mit dem Absperrventil A; ersteres wird durch den Servomotorkolben K bewegt, wie bei Abb. 12 beschrieben. Das Absperrventil wird nach Auslösen der Welle W vom Schnellschlußregler durch die Feder F geschlossen.

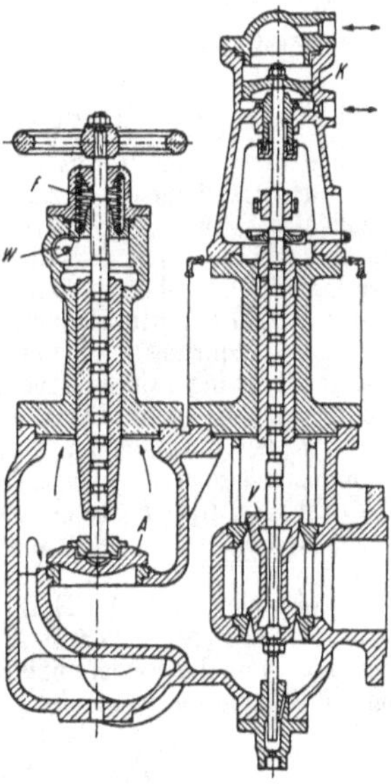

Abb. 13. Drossel- und Absperrventil

b) Eine einfache Reglung für Kleinturbinen ist die Ölringsteuerung von BBC, Abb. 14.

Der Regler wird durch den sich in dem Gefäß A bildenden Ölring ersetzt, dessen Druck von der Drehzahl abhängig ist und durch das Tauchrohr C und die Leitung D auf die Membran wirkt, die durch die Feder G belastet ist und das Drosselventil E betätigt. Durch Verändern der Eintauchtiefe mittels Handrädchens K (L-Begrenzungsring) kann die Drehzahl verstellt werden. Durch Rohr M wird Öl dem Gefäß A zugeführt.

c) Eine eigenartige Drosselreglung ist die Stabfederreglung von Kühnle, Kopp & Kausch, Abb. 15.

Die in der Turbinenwelle eingespannte Stabfeder 1 mit dem exzentrischen Kopf 2 gibt je nach der Durchbiegung infolge der Fliehkraft den Spalt *a* im Steuerzapfen 3 mehr oder weniger frei, so daß das bei *f* eintretende Drucköl, das durch die Spindel 4 einstellbar ist, entsprechend der Querschnittsgröße am Steuerzapfen 3 ablaufen kann, wodurch der Druck in der Leitung *d* und im Raum *c* unter dem Kolben des Drosselventils 6 geändert wird und dieses durch die Feder 5 mehr oder weniger geschlossen wird.

d) Das Schema einer Drosselreglung von Escher Wyss ist in Abb. 16 dargestellt. Die Reglung entspricht im Prinzip der Abb. 12, jedoch mit einer Vorsteuerung.

Die Verstellung des Steuerschiebers 5 erfolgt nicht direkt durch die Muffe des kleinen Drehzahlreglers 1, sondern mittels eines durch Drucköl betätigten Differentialkolbens 3. Das Drucköl von der Ölpumpe gelangt durch die Ölleitung und die Öffnungen im Gehäuse des Umschaltschiebers 10 und des Steuerschiebers 5 über den federbelasteten Differentialkolben 3, weiter durch eine den Öldruck drosselnde Bohrung auch unter den Kolben und kann durch eine weitere Bohrung zum senkrechten Kanal in der Mitte der Kolbenspindel und die Steuerdüse 2 ablaufen. Der Kolben wird durch den Differenzdruck auf beiden Seiten und die Kraft der Feder unter dem Kolben so weit bewegt, bis durch Drosseln des Abflusses aus der durch die Reglerspindel 1 verengten Steuerdüse 2 Gleichgewicht der Kräfte über und unter dem Kolben 3 erreicht ist. Die Steuerdüse 2 wird jedoch auch bei Aufwärtsbewegung der Reglerspindel, also steigender Drehzahl (Entlastung) verengt, der Druck unter dem Kolben steigt (bei Belastung sinkt er), so daß der Kolben 3 stets der Bewegung der Reglerspindel folgt. Der Kolben 3 verstellt seinerseits in bekannter Weise den Steuerschieber 5.

3. Düsen-(Mengen-)Reglung

Diese Reglungsart kann als Gestängereglung oder als Öldruckreglung ausgeführt werden.

a) Eine Gestänge-Düsenreglung für Turbinen kleinerer Leistung der BBC zeigt Abb. 17.

Der von der Turbinenwelle mittels Schneckengetriebe angetriebene Drehzahlregler *b* betätigt den durch die Feder *f* belasteten Steuerschieber *e*, der das von der Ölpumpe geförderte Drucköl über oder unter den Servomotorkolben *g* steuert. Die Kolbenstange des

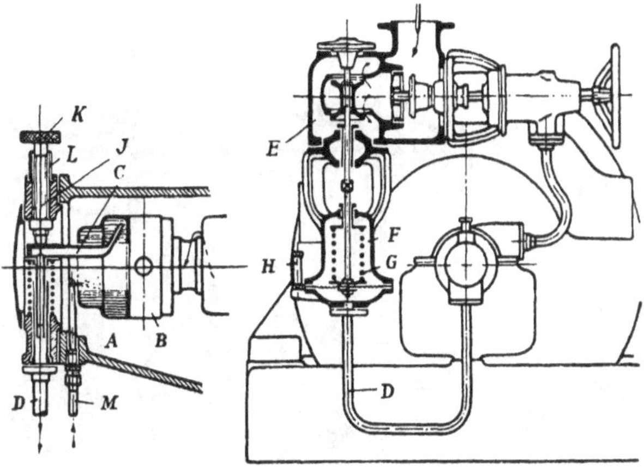

Abb. 14. Schema der Ölringsteuerung von BBC

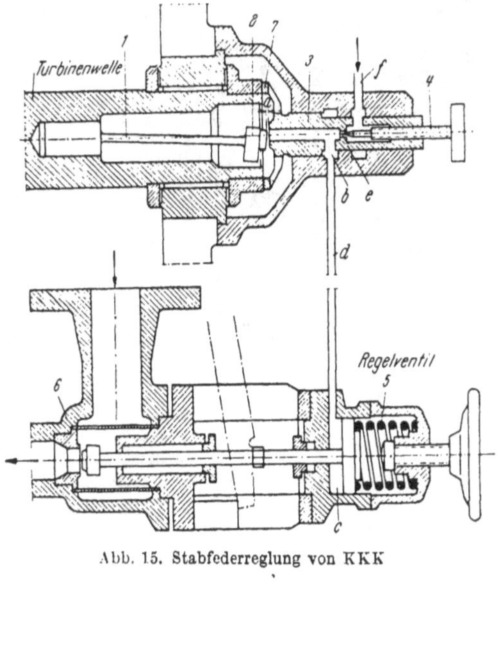

Abb. 15. Stabfederreglung von KKK

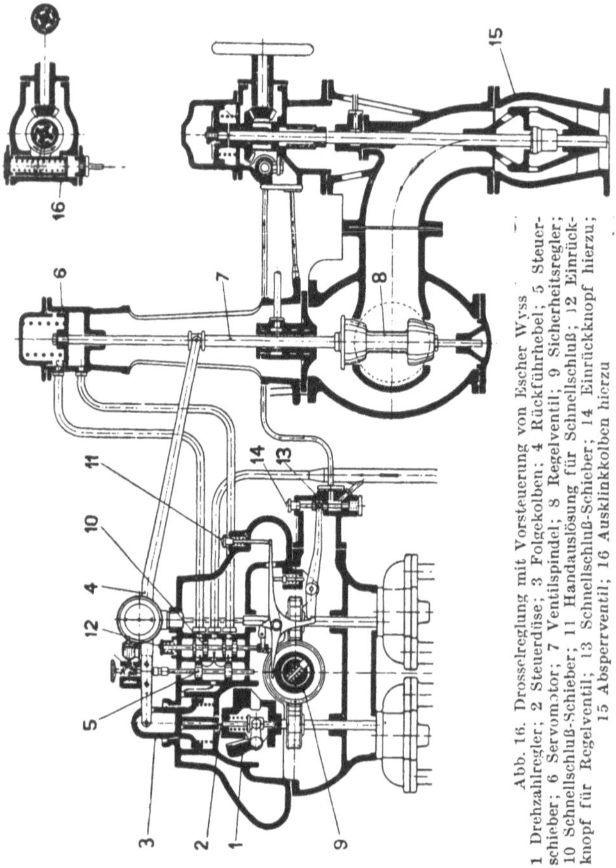

Abb. 16. Drosselreglung mit Vorsteuerung von Escher Wyss
1 Drehzahlregler; 2 Steuerdüse; 3 Folgekolben; 4 Rückführhebel; 5 Steuerschieber; 6 Servomotor; 7 Ventilspindel; 8 Regelventil; 9 Sicherheitsregler; 10 Schnellschluß-Schieber; 11 Handauslösung für Schnellschluß; 12 Einrückknopf für Regelventil; 13 Schnellschluß-Schieber; 14 Einrückknopf hierzu; 15 Absperrventil; 16 Ausklinkkolben hierzu

letzteren dreht mittels Hebel *r* und Stange die Nockenwelle *q*, deren versetzte Nocken die durch Federn belasteten Düsenventile nacheinander betätigen. Die Rückführung erfolgt über den seitlich am Hebel *r* angelenkten Hebel *h*, der die Büchse *i* des Steuerschiebers *e* in derselben Richtung verschiebt, bis die Steuerkanäle wieder abgeschlossen werden. Drehzahländerung durch Verschieben der Büchse *i* mittels Handrad *k*.

Bei Druckreglung (s. d.) kann der Drehpunkt des Hebels *h* als Angriffspunkt für den Druckregler dienen.

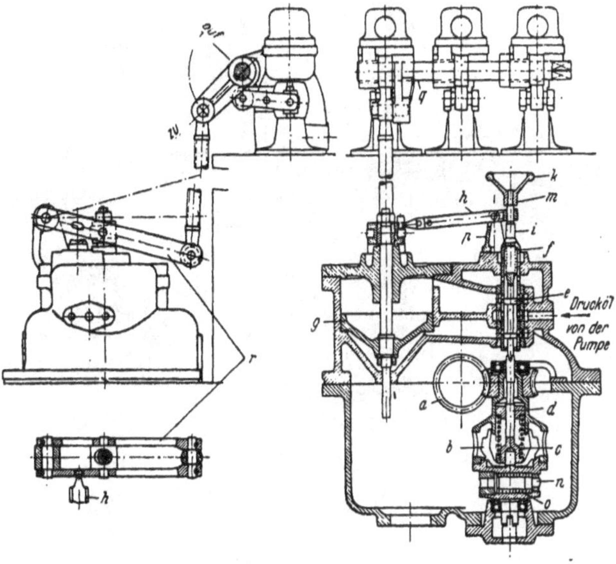

Abb. 17. Düsenreglung für kleine Turbinen von BBC

b) Häufig wird die Nockenwelle der Düsenventile durch einen Servomotor mit Drehkolben betätigt. Abb. 18 zeigt eine solche Düsenreglung der AEG in axonometrischer Darstellung.

Der durch das Absperrventil *A* in den Düsenkasten *C* tretende Dampf gelangt durch die Düsenventile *V* zu den einzelnen Düsengruppen. Die Ventile werden nacheinander durch die auf der Nokkenwelle sitzenden Nocken betätigt. Die Nockenwelle wird durch den Drehservomotor K gedreht, dem von der durch den Regler R über Gestänge H_1, G und H_2 gesteuerten Schieber J das Drucköl zugeführt wird. Letzteres wird von der Zahnradölpumpe P durch die Leitung L_1 geliefert. Drehzahlverstellung der Turbine durch

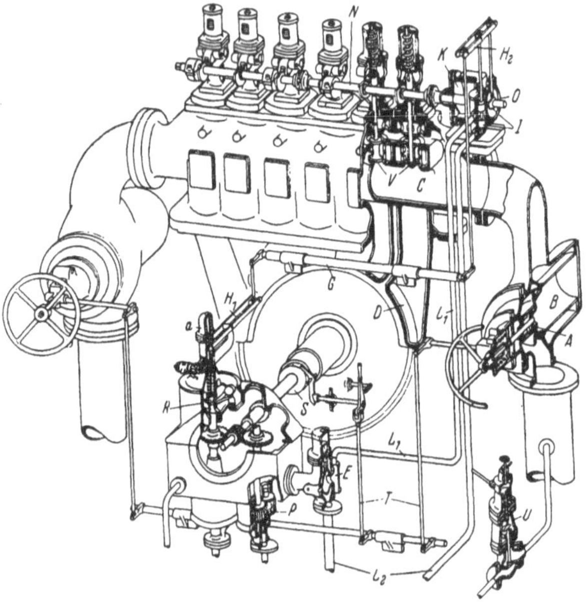

Abb. 18. Reglung und Sicherheitsvorrichtung der AEG

Ändern der Spannung der Reglerfeder von Hand bzw. durch Elektromotor. Beim Sinken des Öldruckes in der Lagerölleitung L_2 setzt das selbsttätige Anfahrventil U die Hilfsölpumpe in Betrieb. Beim Überschreiten der zulässigen Drehzahl löst der Schnellschlußregler S das Absperrventil A mittels Gestänge T aus.

c) Auch die SSW-Röder-Turbine hat einen Drehservomotor, dessen auf der Welle versetzte Nocken direkt auf Rollen der Ventilspindeln wirken, wie Abb. 19 zeigt.

Eine andere Art des Antriebes der Düsenventile der SSW ist in Abb. 20 dargestellt.

Der in bekannter Weise von einem Steuerschieber gesteuerte Servomotorkolben S bewegt über die Stange Z, Hebel H, die äußere Traverse T_1 und die Führungsstangen F die innere Traverse T_2. In dieser gleiten die Spindeln der Düsenventile V_1 bis V_5, die in verschiedener Höhe mit Anschlagmuttern versehen sind, die beim Heben der Traverse T_2 nach einander zum Anliegen an diese kommen und so nacheinander öffnen bzw. in umgekehrter Reihenfolge schließen.

d) Bei der Öldrucksteuerung wird das von der Ölpumpe in stets gleicher Menge geförderte Drucköl zum Heben der federbelasteten Kolben der Regelventile benutzt; durch Änderung des Öldruckes mittels eines vom Drehzahlregler beeinflußten Ölablaufschlitzes werden die mit Federn verschiedener Spannung belasteten Ventile nacheinander geöffnet bzw. geschlossen.

Abb. 21 zeigt das Schema einer Öldrucksteuerung von BBC.

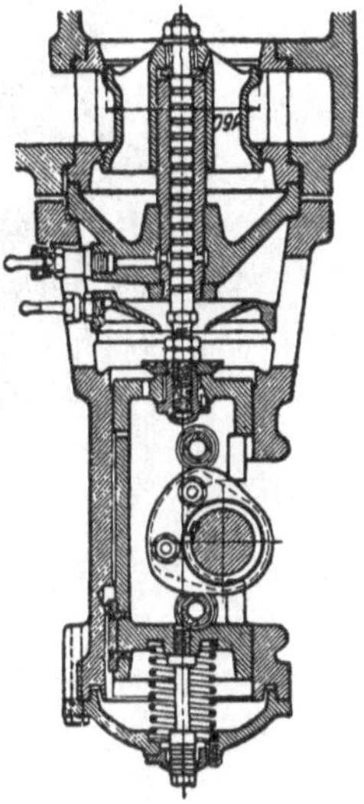

Abb. 19. Antrieb der Düsenventile der SSW

Das von der Ölpumpe 16 geförderte Drucköl gelangt in einer durch ein Ventilchen einstellbaren Menge in den Ringraum, in welchem eine Steuerbüchse von der Muffe 12 des Drehzahlreglers 11 verstellt wird und den Schlitz in dem Ringraum verengt oder erweitert und damit den Öldruck ändert. Durch die Leitung 27 wirkt der Öldruck auf die Kolben der Regelventile 4, deren Federn derart abgestimmt sind, daß die Ventile nacheinander öffnen bzw. schließen. Vor Inbetriebnahme der Turbine wird das Drucköl von der Hilfsturbopumpe 20 gefördert, ein Teil gelangt durch eine Blende 28 zu den Lagern. Das Absperr- und Sicherheitsventil 1 wird durch den Öldruck geöffnet, was nur bei genügendem Druck erfolgen kann und mittels der Anfahrvorrichtung 23 bewirkt wird. Beim Sinken oder Ausbleiben des Öldruckes wird das Schnellschlußventil 1 durch die Feder über dem Kolben geschlossen.

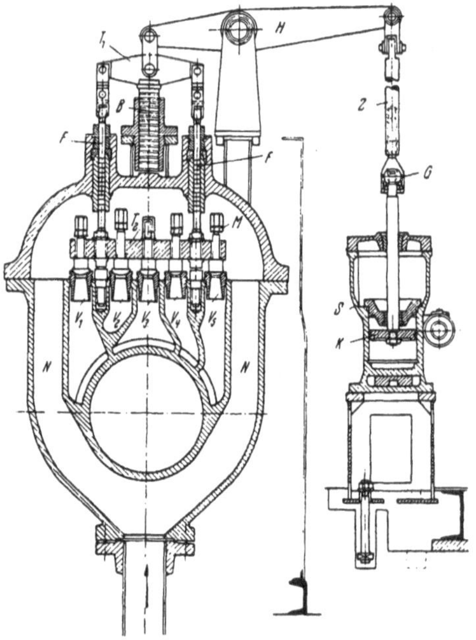

Abb. 20. Düsenreglung der SSW

Bei großen Leistungseinheiten mit großen erforderlichen Verstellkräften für die Ventile werden diese mit einer Vorsteuerung ausgeführt.

Die Gutehoffnungshütte führt neben einer reinen Öldruckreglung auch noch eine Öldruck-Hebelsteuerung aus.

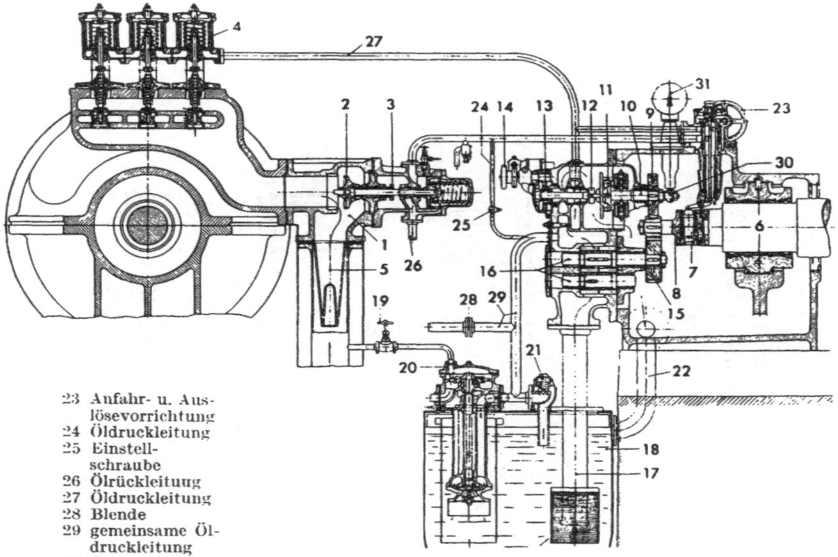

1 Schnellschlußventil
2 Ventilteller
3 Spindel zum Schnellschlußventil
4 Düsenventil
5 Dampfsieb
6 Turbinenwelle
7 Sicherheitsregler
8 Antriebsritzel für Regler und Ölpumpe
9 Rad zum Reglerantrieb
10 Reglerwelle
11 Hauptregler
12 Reglermuffe
13 Drehzahlverstellbüchse
14 Drehzahlversteller
15 Rad zum Ölpumpenantrieb
16 Zahnradölpumpe
17 Saugleitung zur Ölpumpe
18 Ölbehälter
19 Absperrventil z. Dampfölpumpe
20 Dampfölpumpe
21 Ölsicherheitsventil
22 Ölrückleitung
23 Anfahr- u. Auslösevorrichtung
24 Öldruckleitung
25 Einstellschraube
26 Ölrückleitung
27 Öldruckleitung
28 Blende
29 gemeinsame Öldruckleitung
30 Tachometerantrieb
31 Tachometer

Abb. 21. Schema der Öldrucksteuerung von BBC

4. Vereinigte Drossel- und Düsenreglung

Bei dieser wird bei kleiner Belastung – etwa bis $^1/_2$ Last – das Hauptregulierventil in bekannter Weise nach Abb. 9

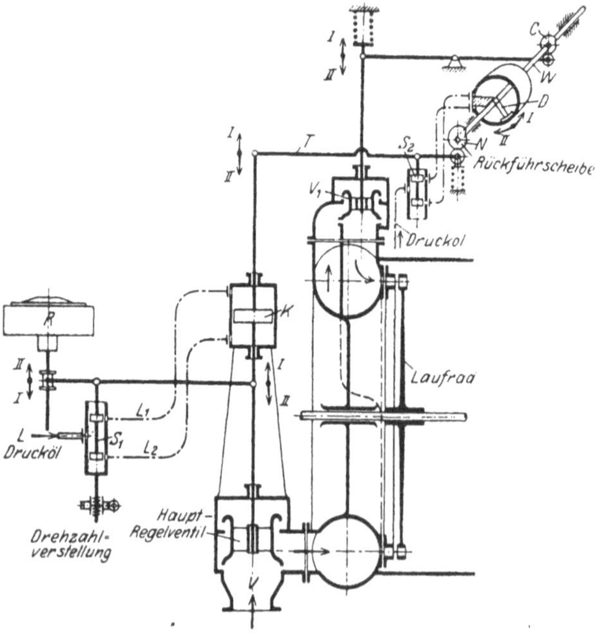

Abb. 22. Schema der vereinigten Drossel- und Mengenreglung der Wumag

betätigt und drosselt den Zugang zu einer Reihe dauernd offener Leitkanäle. Bei größerer Belastung öffnet das Hauptregelventil so weit, daß keine Drosselung mehr eintritt und die weitere Bewegung des Servomotorkolbens das Öffnen der Düsenventile einleitet.

a) Die vereinigte Reglung der Wumag zeigt im Schema Abb. 22[1]); sie hat ein nach Abb. 12 geregeltes Hauptventil V_1 und mehrere durch Drehservomotor D betätigte Düsenventile V_2; die Verstellung des Steuerschiebers S_2 für den Drehservomotor erfolgt durch die Bewegung des Hauptregelventils, das seinerseits wie bei der Drosselreglung betätigt wird; das Hauptventil gibt bei einer gewissen Hubhöhe

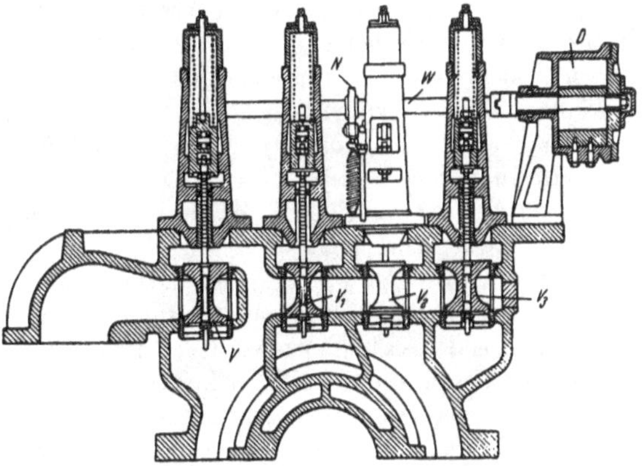

Abb. 23. Drossel- und Düsenreglung der MAN

den vollen Querschnitt frei, so daß dann keine Drosselung mehr stattfindet. Durch die versetzt aufgekeilten Nockenscheiben C werden die Ventile mittels Hebels nacheinander geöffnet; die Rückführung des Steuerschiebers S_2 erfolgt durch eine entsprechend geformte Rückführscheibe N.

b) Die MAN bewirkt die Düsenreglung (Abb. 23) direkt vom Servomotor D aus, der durch Drehen der Nockenwelle W, deren Hubkurven die Rollen der federbelasteten Düsenventile V_1, V_2 ... anheben oder senken. Die Nocken

[1]) Aus Zietemann, Die Dampfturbinen, s. Literatur, Teil I.

sind so angeordnet, daß die Ventile nacheinander betätigt werden. Das Hauptregelventil V beherrscht die gesamte Dampfmenge bis etwa Halblast, ist bei höherer Belastung voll offen, die Düsenventile V_1 . . . treten in Tätigkeit.

V. Überlastungsventile

Durch die Anordnung von Überlastungsventilen soll die Leistung der Turbine über die normale, die der Berechnung zugrunde gelegt wird, gesteigert werden können; die Überlastungsventile werden aber auch dazu benutzt, um bei vorübergehendem Auspuffbetrieb von Kondensationsturbinen eine größere Leistung zu erhalten, als dem verringerten Wärmegefälle entspricht. Man erreicht bei Auspuffbetrieb ohne Überlastungsventil etwa die halbe Leistung, während durch das Überlastungsventil 60—75% der vollen Belastung erreicht werden können.

Am wirtschaftlichsten wäre es, den Dampf zur Überlastung vor die erste Stufe zu führen, um ihn auch in dieser auszunutzen. Bei Drosselreglung würde aber der für Volllast berechnete Gesamtquerschnitt der Leitvorrichtungen für die vergrößerte Dampfmenge nicht ausreichen, selbst bei Zuschaltung von Leitkanälen (Vergrößerung des Beauflagungsgrades), da die Geschwindigkeit nicht steigen kann, die bei Vollast erreicht war. Bei Düsenreglung würden zwar auch weitere Querschnitte zugeschaltet werden können, doch reicht dann der Querschnitt der 2. Stufe eventuell nicht aus, so daß in diesem Falle Überlastung durch Zuschalten im 1. Leitapparat nur in engen Grenzen möglich wäre.

Man führt deshalb den Dampf vor die 3. bis 6. Stufe, wodurch sich der Druck in dieser Stufe erhöht und das spez. Volumen kleiner wird, so daß eine größere Dampfmenge hindurch kann. Die Hochdruckstufen verarbeiten dann ein kleineres Gefälle, ihre Leistung nimmt ab, es steigt aber die Leistung der Niederdruckstufen. Die geringere Wirtschaftlichkeit muß zugunsten der Überlastungsfähigkeit in den Kauf genommen werden. Die größte mögliche Überlastung kann erreicht werden, wenn die Hochdruckstufen keine Leistung ergeben, also vor der Überlastungsstufe der volle Dampfdruck herrscht. Dann „waten" diese Stufen im Dampf und erzeugen beachtliche Reibungswärme, die durch den mit geringer Geschwindigkeit durch die Hochdruckstufen strömenden Dampf abgeführt wird und den weiteren Stufen zugute kommt. Die Größe der Leistung und das Überlastungsventil können berechnet werden, da die größte durchströmende Dampfmenge ermittelt werden kann aus den Querschnitten des Leitapparates, der kritischen Geschwindigkeit und dem zugehörigen Volumen. Der Dampfzustand in der Turbine wird natürlich ein anderer sein und kann ebenfalls ermittelt werden (s. Stodola oder Zietemann, Literaturverzeichnis, Teil 1).

Die Überlastungsventile können wie die Düsenventile durch den Servomotor bei höchster Kolbenstellung betätigt werden.

VI. Überströmventile

Überströmventile werden bei Entnahmeturbinen zwischen Hoch- und Niederdruckteil der Turbine angeordnet und dienen dazu, in den Niederdruckteil nur eine gewisse Dampfmenge treten zu lassen, während die übrige Menge zu irgendwelchen Zwecken (zum Kochen, Heizen, Trocknen) entnommen wird (s. Entnahme- oder Anzapfturbinen, S. 67). Diese Ventile werden durch Druckregler beeinflußt, um den Druck in der Entnahmeleitung konstant zu halten, sie wirken stets automatisch. Die Überströmventile werden entweder als Drosselventile oder als eine Reihe von Düsenventilen ausgeführt; die Berechnung muß wie die der Drossel- bzw. Düsenventile für die größte in den Niederdruckteil tretende Dampfmenge durchgeführt werden.

VII. Sicherheitsregler und -vorrichtung

1. Zweck und Wirkungsweise

Obgleich die Turbine stets unter Einfluß des Hauptreglers steht, der eine Überschreitung der zulässigen Umlaufzahl verhindert, muß doch wegen der verheerenden Wirkung, die ein Bruch der mit hoher Geschwindigkeit umlaufenden Teile infolge etwaigen Versagens der Reglung zur Folge hätte, eine weitere Sicherheitsvorrichtung verlangt werden.

Um das Durchgehen zu verhindern, werden Sicherheitsregler angeordnet, die bei Überschreitung der normalen Drehzahl um 10--15% in Tätigkeit treten und die Dampfzufuhr plötzlich absperren. Es sind dies labile Regler, deren Schwungkörper durch Federn in Ruhe gehalten werden, beim Überschreiten der zulässigen Drehzahl jedoch plötzlich ausschlagen und eine Klinkvorrichtung auslösen, so daß die durch dieselbe gespannt gehaltene Feder das Absperrventil schließt.

Der Sicherheitsregler besteht entweder aus einem Bolzen, der in einer Bohrung der Turbinenwelle senkrecht zur Achse sitzt, oder aus einem Ring, der mit der exzentrischen Bohrung auf der Welle sitzt, oder aber aus 2 Schwungkörpern.

Der Schwerpunkt des Bolzens und des Ringes liegt außerhalb der Drehachse, eine Feder hält der Fliehkraft das Gleichgewicht bis zu der zulässigen Drehzahl, dann überwiegt die Fliehkraft, der Schwerpunkt entfernt sich mehr von der Drehachse, so daß die Fliehkraft wesentlich schneller zunimmt als die Federkraft und der Bolzen bzw. Ring plötzlich in die Endlage schnellt. Den Verlauf der Fliehkraft und der Federspannung zeigt Abb. 24.

2. Die Ausführung der Sicherheitsregler

Meist wird das federbelastete Absperrventil durch Spindel mit Gewinde und Handrad bedient, die Gewindebüchse ist längs verschiebbar und wird durch eine drehbare Klinke in der obersten Lage gehalten; durch Auslösen dieser Klinke unter Einwirkung des Sicherheitsreglers wird die Federkraft frei und schlägt das Absperrventil zu, wobei sich die Gewindebüchse mit bewegt. Beim Drehen des Handrades (Schließbewegung) kann die Büchse wieder hochgeschraubt und die Feder gespannt werden.

Der Sicherheitsregler löst meist nicht direkt die Sperrvorrichtung am Ventil aus, da zu viel Massen durch den

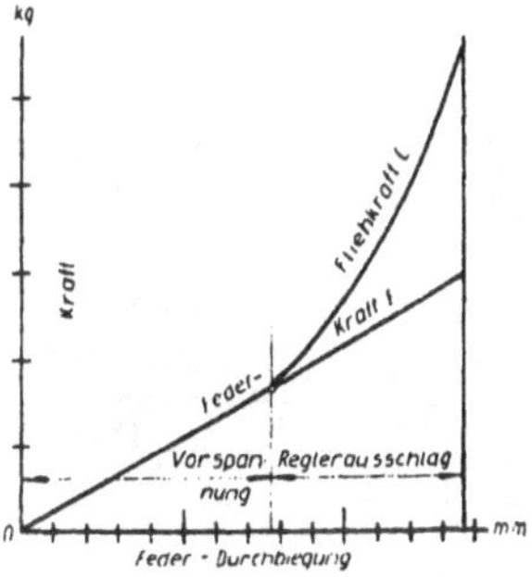

Abb. 24. Verlauf der Flieh- und Federkraft der Sicherheitsregler

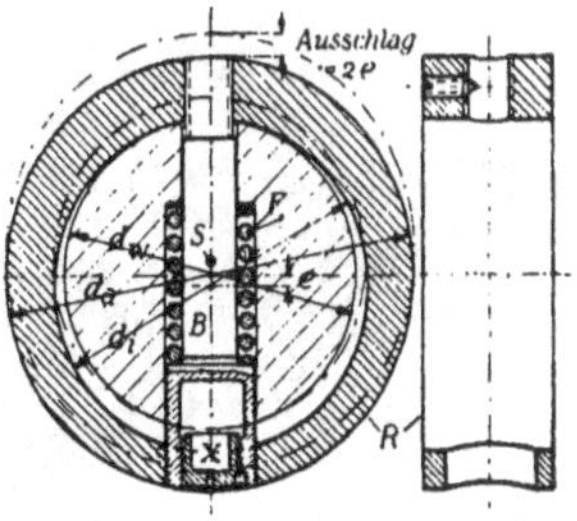

Abb. 25. Sicherheitsregler

Schlag des Reglers zu bewegen wären, sondern der Regler schlägt gegen einen Hebel, in dessen Klinke sich ein anderer Hebel stützt, der eine Feder in Spannung hält; diese Feder bewirkt die Drehung der Klinke am Absperrventil.

Der Sicherheitsregler besteht aus einem Ring *R*, Abb. 25, der durch eine Feder *F* im Gleichgewicht gehalten wird und wie S. 38 beschrieben wirkt. Der Bolzen *B* dient zur Führung und zur Aufnahme der Federkraft; der hohle Kopf kann zur genauen Einstellung mit Blei gefüllt werden.

Verschiedene Werke ordnen zur größeren Sicherheit 2 Schnellschlußregler an, von denen der eine das Absperrventil in der beschriebenen Weise schließt, der andere einen im Steuerschiebergehäuse eingebauten Druckölschieber so verstellt, daß, unabhängig vom Steuerschieber, das Drucköl über den Kolben des Regelventils geführt wird und dieses zudrückt, während das Öl unter dem Kolben ablaufen kann.

Eine solche Sicherheitsvorrichtung der Wumag zeigt Abb. 12, S. 24, der eine Sicherheitsregler löst durch die Klinke O den durch Feder F nach oben gedrückten Umschaltschieber S_2 aus, wodurch, wie beschrieben, der Kolben K

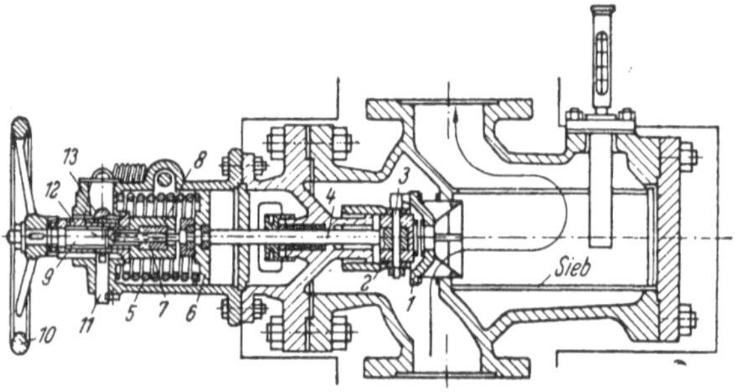

Abb. 26. Schnellschlußabsperrventil der AEG

nach unten bewegt und das Regelventil V geschlossen wird. Der zweite Sicherheitsregler löst durch N die Klinke Q aus, die Feder F_1 dreht durch Stange I die Sperrklinke U, diese gibt die Gewindebüchse der Absperrventilspindel frei, die Feder über dem Kolben drückt Ventil A zu.

Die Turbinen von Escher Wyss erhalten ebenfalls doppelte Schnellschlußvorrichtung, Abb. 16.

Nach Auslösen des Sicherheitsreglers 9 wird der Umschaltschieber 10 durch die Feder 12 nach oben verstellt, so daß das Drucköl über den Kolben 6 des Regelventils 8 tritt und es zusammen mit der Feder über dem Kolben schließt, während das Öl unter dem Kolben ablaufen kann. Gleichzeitig wird durch den Schieber 13 Drucköl zum federbelasteten Kolbenschieber 16 geführt, die Feder wird zusammengedrückt und der Kolben dreht die Büchse an der Absperrventilspindel, so daß die Knaggen dieser Büchse in Schlitze abgleiten und die Feder unter dem Kolben an der Spindel des Absperrventils 15 dieses nach oben bewegt und damit abschließt.

Bei der Steuerung von BBC, Abb. 21, wird beim Ausschlagen des Schnellschlußreglers 7 die Anfahr- und Auslösevorrichtung 23 so gedreht, daß das Öl aus der Leitung 27 und der Leitung zum Absperrventil abläuft und die Federn der Ventile diese schließen.

Die Schnellschlußvorrichtung der AEG ist bei Abb. 18 beschrieben. Ein Absperrventil dazu zeigt Abb. 26 mit Vorhubventil; die Auslösung erfolgt durch Drehen der Welle 13.

Zweiter Abschnitt

Ausgeführte Turbinenbauarten

I. Gleichdruckturbinen

1. Kleinturbinen

Als Kleinturbinen bezeichnet man nicht nur Turbinen ganz kleiner Leistung, sondern im allgemeinen auch Hilfsturbinen zum Antrieb von Kondensationspumpen, Kesselspeisepumpen u. a. Sie werden fast ausschließlich als einstufige Gleichdruckturbinen ausgeführt, nur bei größeren Leistungen und höherem Gefälle mehrstufig.

a) Eine Druckstufe mit Geschwindigkeitsstufung (Curtisrad) ist die für Kleinturbinen zumeist angewendete Bauart. Abb. 27 zeigt eine solche Turbine der Hamburger Turbinenfabrik, Nürnberg, mit einem dreikränzigen Rad, Druckschmierung, direkter Reglung und mit Labyrinthstopfbüchsen.

Die Muffe M des Reglers R verstellt entgegen der Kraft der Feder F_2 mittels Stelze und Winkelhebel H das Regelventil V. Der

Schnellschlußregler S löst in bekannter Weise die Klinke K am Absperrventil A aus; Z ist ein Zuschaltventil für Überlastung.

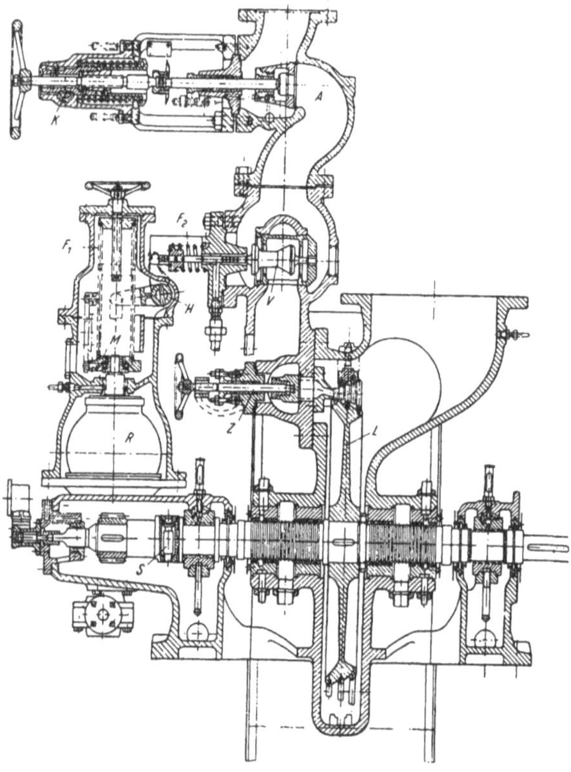

Abb. 27. Kleinturbine der Hamburger Turbinenfabrik

Drehzahlverstellung durch Änderung der Muffenbelastung mittels Feder F_1.

b) Abstufung der Geschwindigkeit durch wiederholte Beaufschlagung wird bei einigen Kleinturbinen angewendet. Abb. 28 zeigt eine solche Turbine axial beaufschlagt.

Der Regler *R* verstellt mittels Winkelhebel und Stange *T* das Regelventil *V*. Sicherheitsregler *S* löst über den Bolzen *d*, Stange *c* und Klinke *f* die federbelastete Mutter *g* des Absperrventils *A* aus. Die Turbine hat Ringschmierung und Kohlestopfbüchsen.

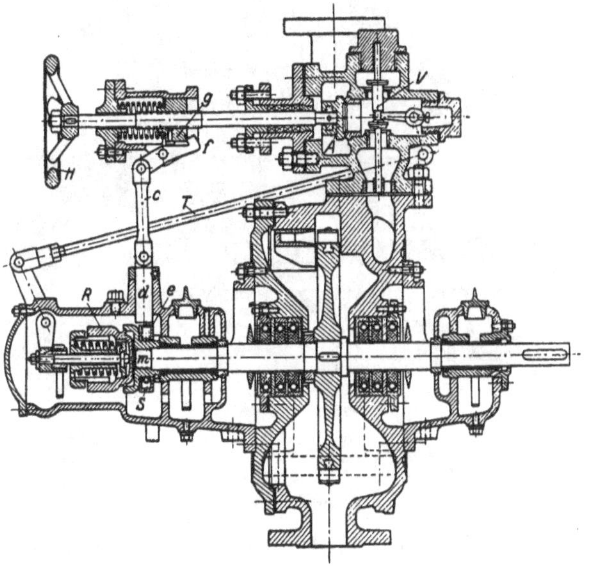

Abb. 28. Kleinturbine

Die Beka-Turbine vom Beka-Werk, Leipzig-Taucha, arbeitet ebenfalls mit wiederholter axialer Beaufschlagung. Abb. 29 zeigt eine Ausführung für 100 PS mit Druckschmierung der Lager.

R: Regler, *M*: Muffer, *V*: Regelventil. Der Sicherheitsregler *SR* löst mittels des Winkelhebels und Stange die Klinke *K* des Absperrventils aus.

Die Kleinturbine von 40 PS von Kühnle, Kopp & Kausch, Abb. 30, mit Zahnradübersetzung der Drehzahl hat Stabfederregler nach Abb. 15, Kohlestopfbüchse, Druckölschmierung und Zusatzventil für Überlastung.

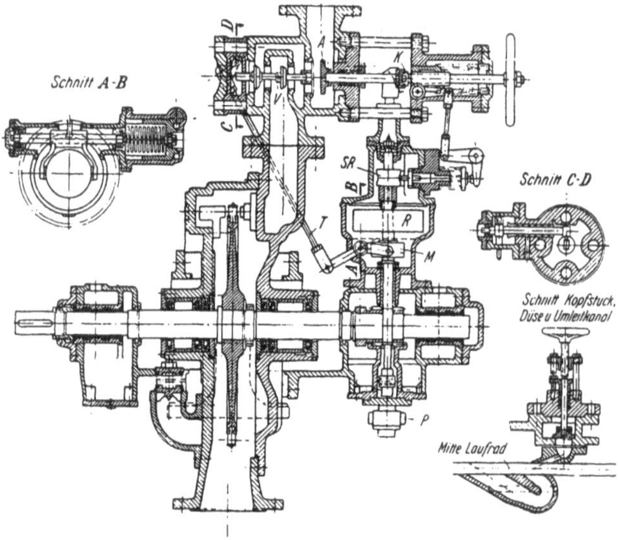

Abb. 29. Kleinturbine des Bekawerkes

Eine Radialturbine mit wiederholter Beaufschlagung nach Art der Elektraturbine zeigt Abb. 31, aus der die direkte Reglung ersichtlich ist. Die Lager haben Ringschmierung, der Sicherheitsregler S sitzt vorn auf der Turbinenwelle.

2. Turbinen mittlerer und großer Leistung

Diese Turbinen werden stets vielstufig mit normal 3000 U/min ausgeführt. Mittlere Leistungseinheiten erhalten häufig hohe Drehzahlen von 6000 bis 18000 U/min (evtl.

höher), um volle Beaufschlagung und weniger Stufen zu erhalten, und werden mittels Übersetzungsgetriebes auf die ge-

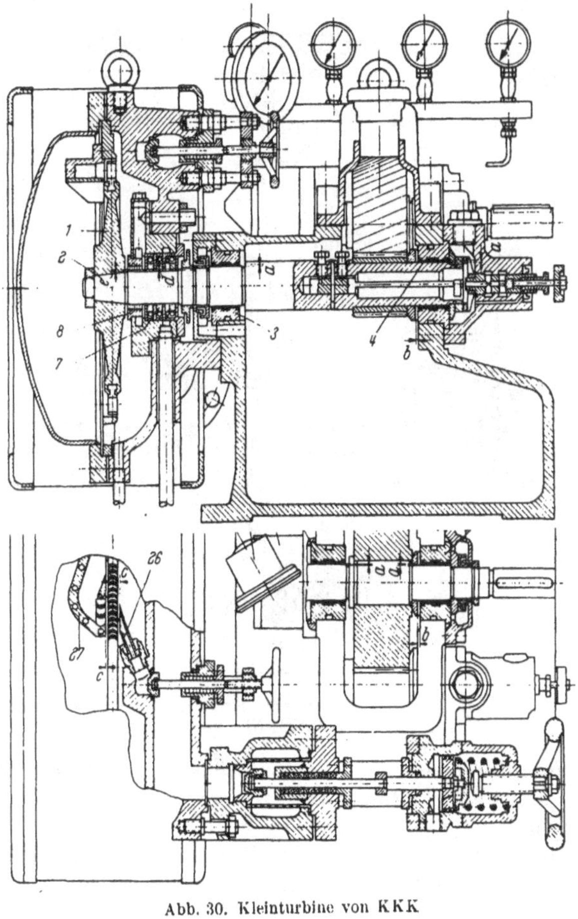

Abb. 30. Kleinturbine von KKK

wünschte Drehzahl der anzutreibenden Maschine herabgesetzt — Getriebeturbinen. Bei großen Leistungseinheiten macht sich vielfach eine Unterteilung der Niederdruck-

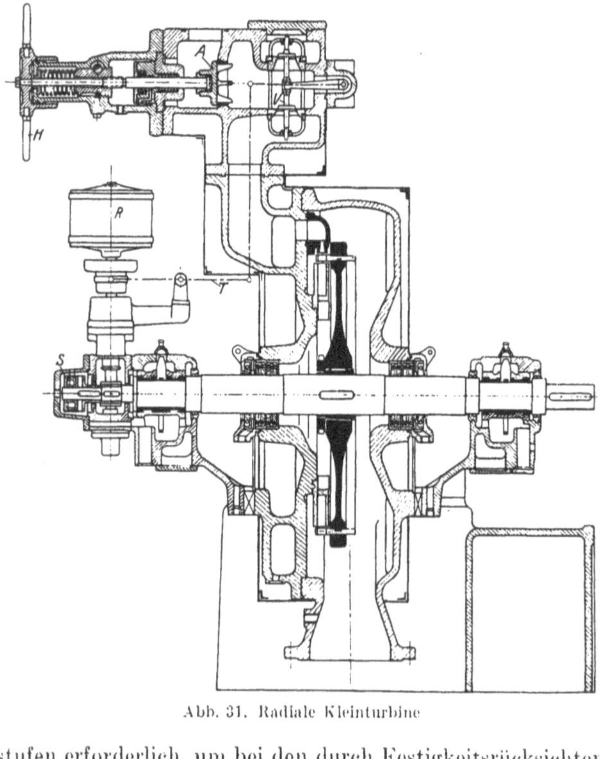

Abb. 31. Radiale Kleinturbine

stufen erforderlich, um bei den durch Festigkeitsrücksichten bedingten Durchmessern keine zu langen Schaufeln zu erhalten — zwei- oder mehrflutige Turbinen.

Die erste Stufe als Regelstufe hat Teilbeaufschlagung, die weiteren Stufen sind vollbeaufschlagt.

Das vordere Trag- und Drucklager ist axial verschiebbar und folgt durch die Verbindung zwischen Gehäuse und Lagerkörper der Wärmedehnung des Gehäuses. Das hintere Lager ist meist ein Doppellager, aber auch nur ein Lager für Turbine und Generator mit starrer Kupplung, wobei die Turbinenwelle von der Generatorwelle mit getragen wird, findet Anwendung. Bei neueren Ausführungen wird das Gehäuse häufig, besonders bei hohen Dampftemperaturen, an die Lager gehängt und kann sich allseitig frei ausdehnen, wobei die Stützung des Gehäuses mittels Pratzen genau in der Wellenmitte besonders günstig ist.

a) Reine Druckstufenturbinen sind die Zoelly-Turbinen; Abb. 32 zeigt eine Turbine für 5000 kW, $n =$ 3000 U/min, von Escher Wyss. Der Dampf tritt durch das Absperr- und das Drosselventil in den Ringkanal in der Stirnwand des Gehäuses und beaufschlagt den ersten Leitapparat. Die Welle ist nach dem hinteren Lager mit der Generatorwelle gekuppelt, Kohle-Labyrinthstopfbüchse, s. Teil II. Die Reglung ist S. 26 erwähnt.

b) Geschwindigkeitsstufung im Hochdruckteil. Eine Getriebe-Kondensationsturbine der AEG für 500 kW, 12000/3000 U/min zeigt Abb. 33.

Die Turbine für 3500 bis 6000 kW, 3000 U/min, bei 32 atü, 380° C, Kühlwasser 15° C, Abb. 34, in Dreilageranordnung hat Curtis-Regelstufe. Steuerung s. Abb. 18, S. 30. Die größte ausgeführte Eingehäuseturbine der AEG mit niedrigem Dampfdruck leistet 40000 kW; die letzte Stufe hat 2000 mm Teilkreisdurchmesser und 500 mm Schaufellänge.

Für höhere Drücke führt dasselbe Werk die Turbinen zweigehäusig aus. Bei größerer Leistung und kaltem Kühlwasser erhalten die Turbinen zweiflutigen Niederdruckteil. Abb. 35 zeigt eine solche Turbine für 73500 kW/3000 U/min bei 100 at, 500° C, 15° C Kühlwasser. Bei Kühlturmbetrieb können Leistungen bis 100000 kW bei 3000 U/min erreicht werden,

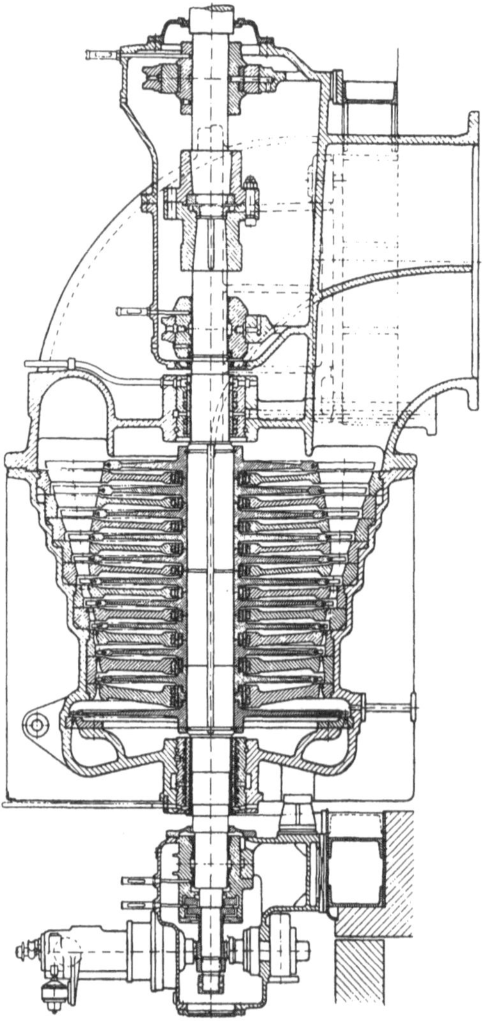

Abb. 32. Turbine 5000 kW, n = 3000 U/m von EW

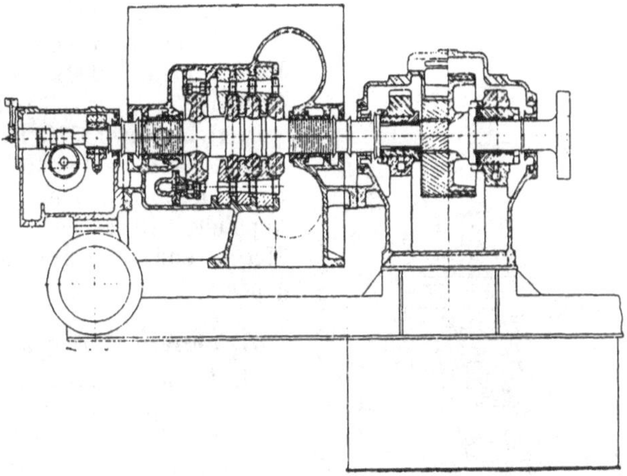

Abb. 33. Getriebe-Kondensationsturbine 500 kW, 12000/3000 U/min der AEG

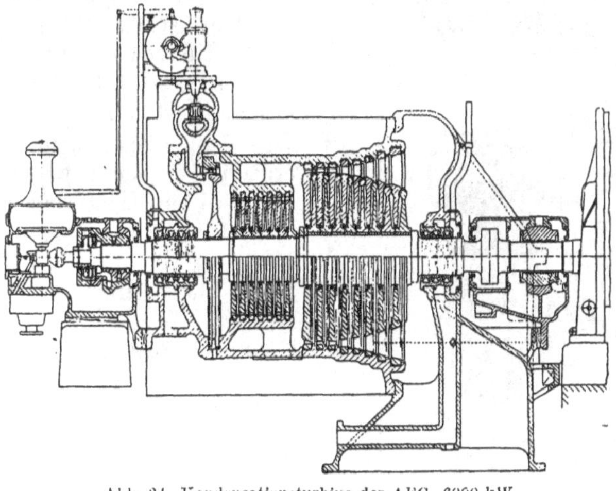

Abb. 34. Kondensationsturbine der AEG, 6000 kW

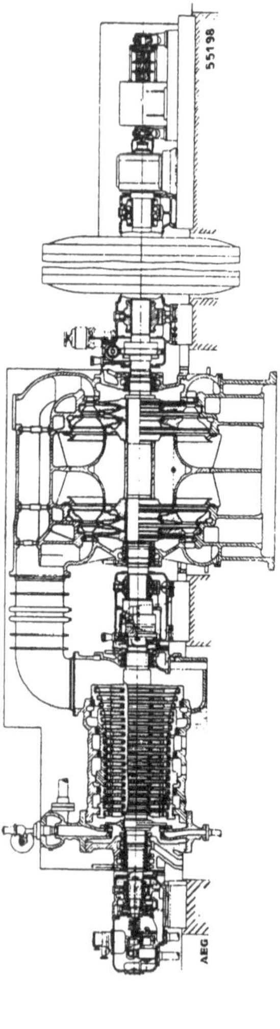

Abb. 35. Zweigehäuse-Turbine der AEG, 73 500 kW, 3000 U/min

Eine solche zweiflutige Turbine der MAN zeigt Abbildung 36 für 31000 kW bei 57/65 ata, 490/510° C, Kühlwassertemperatur 15° C. Der Hochdruckteil hat Einstückläufer; Doppelverzahnungskupplung, Drucklager für Hoch- und Niederdruckgehäuse.

II. Überdruckturbinen

1. Reine Überdruckturbinen werden jetzt für ortsfeste Anlagen, außer für Spezialzwecke (Abdampf- und Gegendruckturbinen, s. diese), nur noch von Parsons ausgeführt.

2. Überdruckturbinen mit Gleichdruckstufen und Geschwindigkeitsstufung im Hochdruckteil werden von den meisten Überdruckturbinen bauenden Firmen ausgeführt.

a) Die Turbine von Brown, Boveri & Cie. (Abb. 37) (8000 kW, $n = 3000$) hat Curtis-Regelstufe, im Mitteldruckteil Trommel und im Niederdruckteil Radscheiben, die durch Lip-

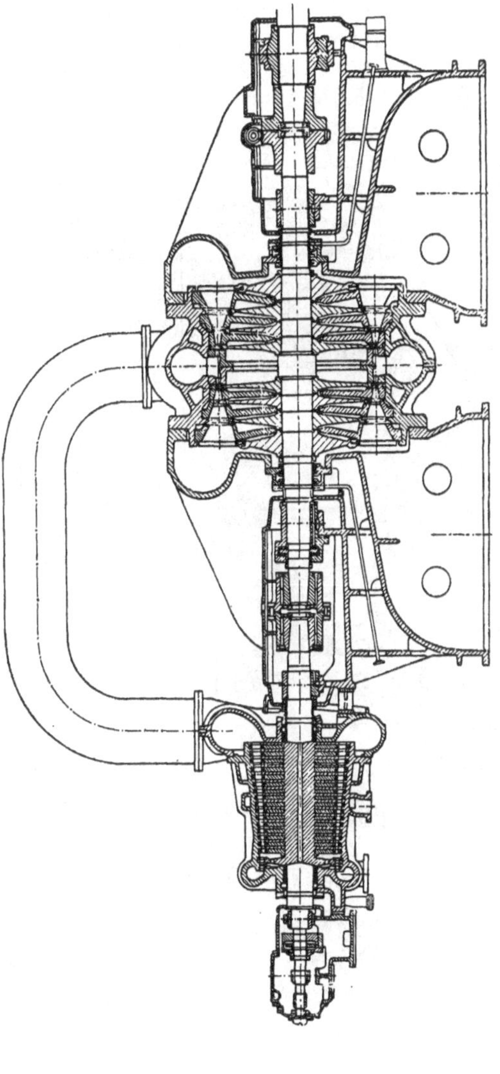

Abb. 36. 31000 kW-Turbine der MAN

penschweißung mit der Trommel und untereinander verbunden sind. Reglung s. Abb. 21, S. 33.

Eingehäusige zweiflutige Turbinen sind von BBC bis 50000 kW ausgeführt worden, wobei der Dampf, wie auch bei der Ausführung mit getrenntem Niederdruckgehäuse, von außen nach innen strömt.

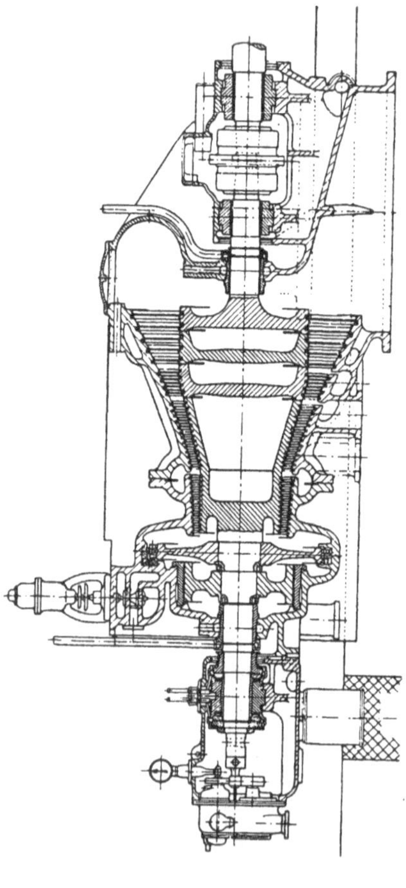

Abb. 37. 8000 kW-Turbine, 3000 U/min, von BBC

b) Die Turbine der SSW, Abb. 38, von 35000 kW/3000 U/min ist mit massivem Rotor ausgeführt (die Mittenbohrung dient zur Prüfung der Homogenität des Werkstoffes) und hat in den Niederdruckstufen Kammern zum Ableiten der Dampfnässe in den Abdampfstutzen. Die Druckölkreiselpumpe sitzt vorn im Lager.

c) Die Gutehoffnungshütte Oberhausen, Aktiengesellschaft, führt die

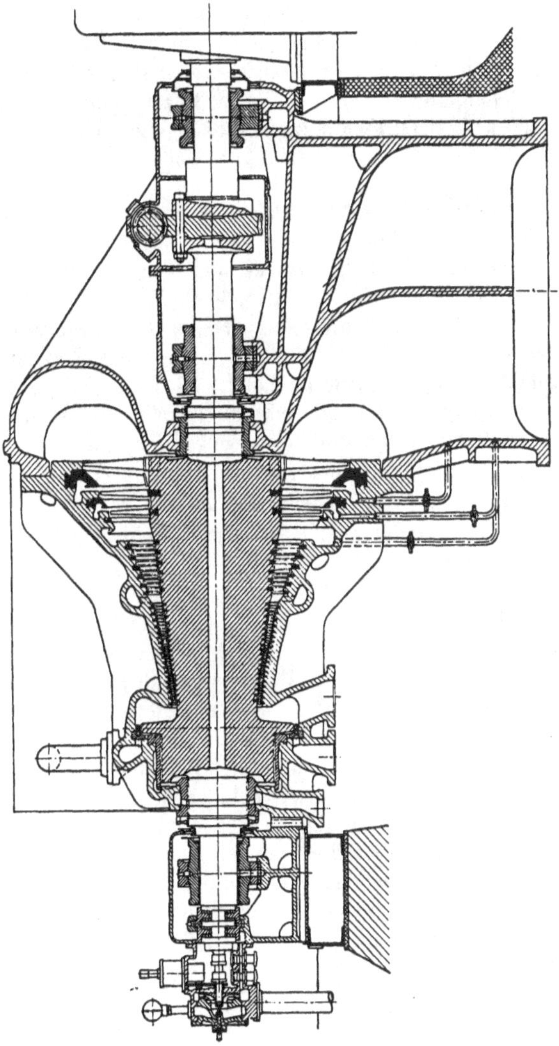

Abb. 38. Überdruckturbine 35000 kW, 3000 U/min, der SSW

Turbinen nach demselben Prinzip aus; jedoch wird eine durchgehende Welle angewendet, auf der auch im Überdruckteil Radscheiben sitzen, in deren breiten Kränzen mehrere Reihen Schaufeln befestigt sind. Abb. 39 zeigt eine Turbine von 5700 kW, 3500 U/min zum Antrieb eines Kreiselverdichters.

3. Als Radialturbinen sind ausgeführt:

a) Die Radialturbine der SSW wird als Gegendruck- und Vorschaltturbine für hohe Drücke und Temperaturen für Leistungen von 5000 bis 20000 kW, 3000 U/min ausgeführt, Abb. 40. Der erste Schaufelkranz ist eine Gleichdruckstufe und ermöglicht Düsenreglung. Laufschaufeln s. Teil II. Die Leitschaufeln sitzen in feststehenden Scheiben, die Abdichtung erfolgt durch eingestemmte Nickelblechstreifen.

Die weiteren Stufen sind Überdruckstufen. Die Abb. 40 zeigt zwei Laufradscheiben, es sind bis zu drei Laufradscheiben mit vier Schaufelebenen ausgeführt worden.

b) Eine interessante Radialturbine mit Überdruckwirkung ist die Ljungström-Gegenlaufturbine mit zwei gegenläufigen Laufrädern (Abb. 41) und konzentrischen Schaufelkränzen; Lauf- und Leitschaufeln laufen um.

Die Laufschaufeln des einen Laufrades sind zugleich Leitschaufeln für das andre; der Dampf expandiert von innen nach außen, wodurch günstige Querschnitterweiterung bei kleiner Schaufellänge erreicht wird. Da die Gegenläufigkeit einer doppelt so großen Umfangsgeschwindigkeit entspricht, ergeben sich gute Wirkungsgrade bei kleiner Stufenzahl. Die Schaufeln 3 sitzen in tragfähigen Ringen, die durch Gelenkstücke mit den Scheiben 2 verbunden sind; diese Scheiben sind ihrerseits gelenkig mit Druckausgleichsscheiben 6 verbunden, welche mit Labyrinthen versehen sind, die in Labyrinthe der feststehenden Ausgleichsscheiben 7 hineinragen. Am Ende jeder Welle ist ein Blocklager vorgesehen. Dampf-

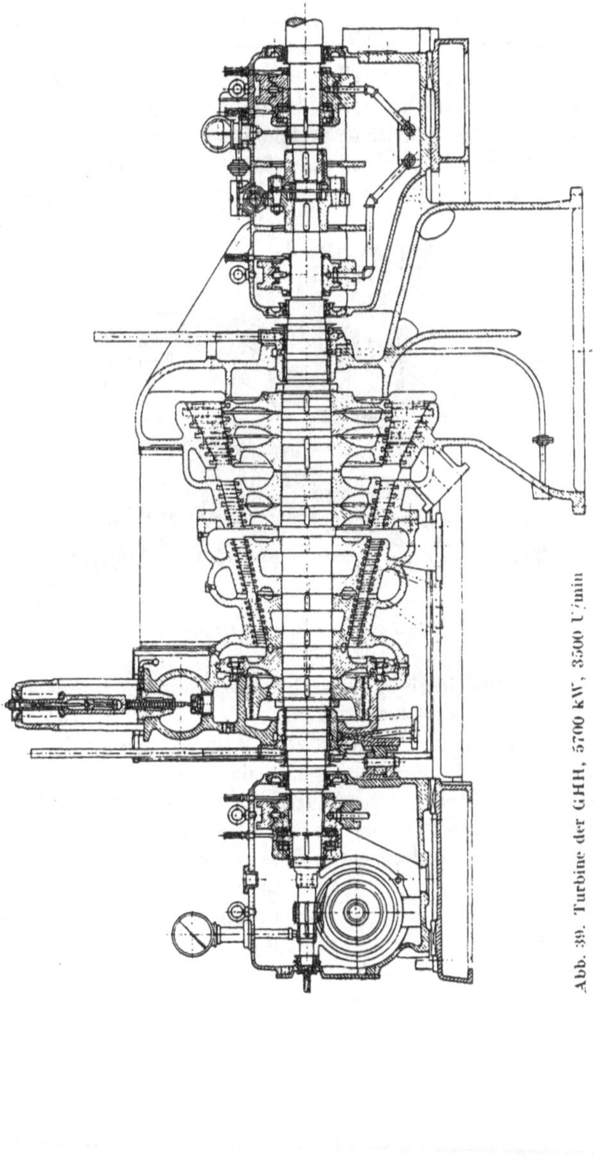

Abb. 39. Turbine der GHH, 5700 kW, 3500 U/min

zuführung durch Leitungen 4 durch das Gehäuse. 8: Überlastungsventil. Es sind stets 2 Generatoren je von der halben Gesamtleistung erforderlich, die Turbine hat jedoch gute Wirtschaftlichkeit gezeigt und wird jetzt häufiger ausgeführt. Die Wellenstopfbüchsen bestehen aus einer Anzahl umlaufender Kammscheiben, die in feststehende Kammscheiben hineinragen, so daß eine große Anzahl Drosselstellen entsteht.

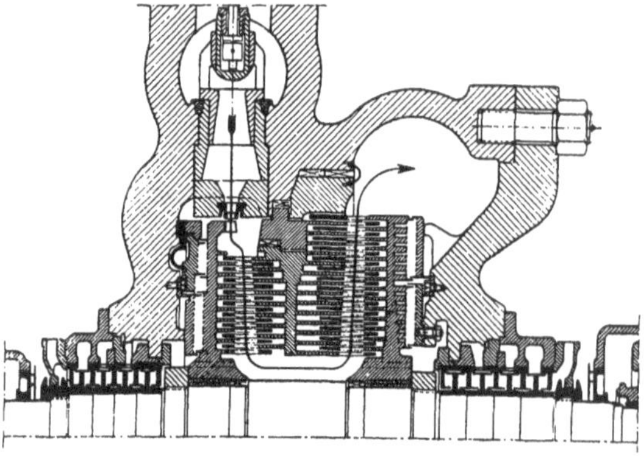

Abb. 40. Radialturbine der SSW

Die Drosselreglung hat Druckölsteuerung, Regel- und Absperrventil sind vereinigt auf einer Spindel. Die Gesamtanordnung eines Aggregates zeigt Abb. 42; der Aufbau erfolgt direkt auf dem Kondensator, da das Gewicht gering ist. Der Flansch des Abdampfstutzens ist direkt mit dem Kondensatorstutzen verschraubt, das Gewicht der an das Turbinengehäuse angeflanschten Generatoren ist durch auf dem Kondensatorfundament gelagerte Federpuffer abgefangen.

Bei großen Leistungen und hohem Vakuum werden die letzten Stufen als nicht gegenläufige zweiflutige Axialstufen ausgeführt, da die Fliehkraftbeanspruchung in den Schaufel-

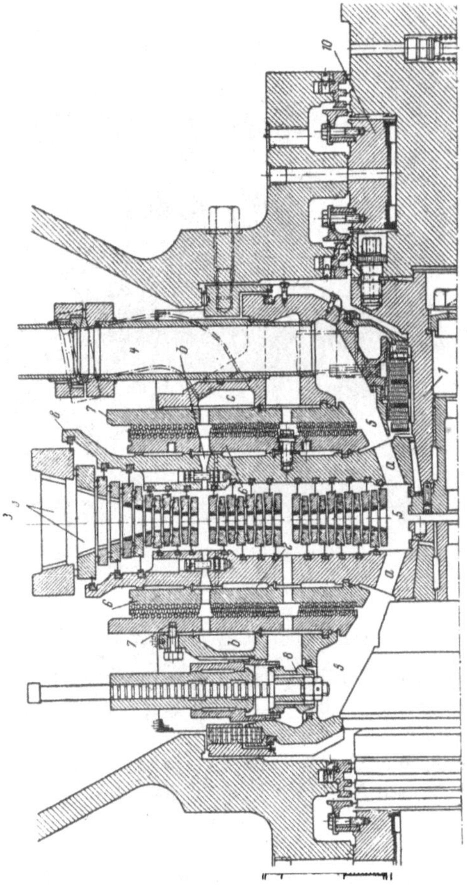

Abb. 41. Ljungström-Turbine der MAN

ringen zu hoch wird. Solche Turbinen sind bei 3000 U/min bis zu 35000 kW ausgeführt worden, bei 1500 U/min bis 50000 kW.

Abb. 42. Aufbau einer Ljungström-Gegenlaufturbine

III. Hochdruckturbinen

Als Hochdruckturbinen werden allgemein solche bezeichnet, die mit Drücken über 30 at betrieben werden. Sie werden als selbständige Aggregate gebaut, meist als Gegendruckturbinen oder aber als sogenannte Vorschaltturbinen, die bei Übergang auf Hochdruckdampf den vorhandenen Maschinen vorgeschaltet werden, so daß diese mit dem Abdampf der Vorschaltturbinen, der mit der Spannung der vorhandenen Kessel austritt, betrieben werden können, zusammen mit dem Dampf der bestehenden Anlage.

Wegen der kleinen erforderlichen Querschnitte infolge des kleinen spezifischen Volumens werden die Hochdruckturbinen bei kleineren Leistungen häufig hochtourig und mit Übersetzungsgetriebe ausgeführt.

Weitere Ausführungen von Hochdruckturbinen s. Gegendruckturbinen im folgenden Abschnitt.

Dritter Abschnitt

Turbinen für Sonderzwecke

(Gegendruck- und Entnahmeturbinen: Turbinen für Abdampfverwertung)

I. Zweck und Arten

Wie aus dem Entropie- und aus dem *is*-Diagramm (siehe Teil I) ersichtlich, kann von der Wärme, die dem Dampf im Kessel zugeführt wird, in den Dampfkraftmaschinen nur ein kleiner Teil ausgenutzt werden, der Dampf tritt bei Kondensationsmaschinen mit über 500 kcal/kg aus (bei Auspuffmaschinen noch mehr), die verlorengehen, es werden von der ganzen auf dem Kesselrost erzeugten Wärme (100%) nur 15 bis 20% in der Turbine in Nutzarbeit umgesetzt, während der größte Teil der unausgenutzten 80 bis 85%, und zwar 58,3%, in das Kühlwasser des Kondensators abgeführt wird. Bei Auspuff ist der unausgenutzte Teil noch weit größer. Bei neueren Kondensationsturbinen läßt sich zwar eine wesentlich bessere Ausnutzung erreichen — es sind schon 28% erreicht worden durch Anzapfvorwärmung (s. S. 73) —, doch ist die unausgenutzte Wärme immer noch sehr groß.

Da der thermische Wirkungsgrad (s. Teil I, S. 29) der Kondensationsmaschine nicht wesentlich verbessert werden kann, muß versucht werden, die im austretenden Dampf enthaltene große Wärmemenge nutzbar zu machen, indem sie für Fabrikationszwecke — zum Kochen, Heizen, Trocknen, Verdampfen — verwendet wird. Da aber die Temperatur des

Dampfes im Vakuum für erwähnte Zwecke meist zu niedrig ist, der Dampf auch zu umfangreiche Rohrleitungen erfordern würde, so wird man den Dampf in der Turbine nur bis auf den der gewünschten Temperatur entsprechenden Druck ausnutzen und ihn dann weiter als Heizdampf verwerten, wobei der Dampf seine ganze Verdampfungswärme abgibt und das Kondensat, falls es nicht mit dem zu erwärmenden Medium gemischt wurde, wieder in den Kessel gespeist werden kann; die sonst verlorene Wärme wird also fast restlos ausgenutzt. Es kommt dabei nicht auf die schlechtere Ausnutzung in der Maschine an, sondern auf die gesamte Ausnutzung.

Eine solche Vereinigung von Kraft- und Heizbetrieb ist deshalb viel wirtschaftlicher als getrennte Kraft- und Wärmeerzeugung, weil für Heizzwecke nur niedrig gespannter Dampf verwendet wird, für hochgespannten Dampf aber weniger Wärme aufzuwenden ist als für ersteren (siehe Wärmeinhalte, Teil I, oder *is*-Diagramm).

Man wird somit in Fällen, wo neben Kraft noch Wärme gebraucht wird, Gegendruckturbinen, bei denen der Dampf mit Überdruck austritt, mit Ausnutzung des Abdampfes verwenden.

Ist die benötigte Heizdampfmenge kleiner als die der Leistung entsprechende oder ist sie stark wechselnd, so würde der überschüssige Dampf mit dem hohen Gegendruck unausgenutzt entweichen. In solchen Fällen werden zweckmäßig Turbinen mit Zwischendampfentnahme — Entnahme- oder Anzapfturbinen — angewendet.

Andererseits wird in vielen Betrieben Abdampf von mit Auspuff arbeitenden Maschinen — Förder- und Walzenzugmaschinen, Dampfhämmern u. dgl. — von etwas über Atmosphärendruck mit einem hohen Wärmewert nutzlos ins Freie geführt.

Dieser Dampf kann aber noch in Abdampfturbinen verwertet werden, da Turbinen hohes Vakuum wirtschaftlich verwerten können, ohne dabei, wie die Kolbenmaschinen, ungünstig große Abmessungen zu erhalten. Der periodisch auspuffende Abdampf wird in Abdampf- oder Wärmespeichern gesammelt (s. S. 93) und der Turbine zugeführt, die ihn bis auf tiefen Druck ausnutzt.

Häufig wird aber der Abdampf nicht dauernd und nicht in gleicher Menge zur Verfügung stehen, so daß die Leistung der Turbine mit der Abdampfmenge schwanken würde. Soll die Leistung dem Kraftbedarf angepaßt werden, so verwendet man Frischdampf-Abdampf- (Zweidruck-) Turbinen, das sind Abdampfturbinen, denen ein Hochdruckteil vorgeschaltet wird, dem Frischdampf in einer der fehlenden Leistung entsprechenden Menge zugeführt wird, der sich beim Austritt aus dem Hochdruckteil mit dem Abdampf mischt. Ist zeitweilig gar kein Abdampf vorhanden, so arbeitet die Turbine wie eine reine Frischdampfturbine mit Kondensation. Die Steuerung sorgt dafür, daß zuerst der Abdampf verarbeitet wird und nur bei ungenügender Abdampfmenge Frischdampf im Hochdruckteil zugeführt wird.

Durch Wahl der entsprechenden Sonderbauart der Turbine kann somit die Wirtschaftlichkeit der ganzen Anlage wesentlich erhöht werden.

II. Gegendruckturbinen

Gegendruckturbinen kommen zur Anwendung, wenn die ganze für die Leistung benötigte Dampfmenge für Heizzwecke gebraucht wird oder wenn die Leistung der Turbine dem jeweiligen Heizdampfbedarf entspricht und zeitlich übereinstimmt und die etwa fehlende Leistung von parallel geschalteten anderen Kraftmaschinen geliefert wird. Wenn hingegen viel Heizdampf bei geringer Leistung gebraucht wird, so muß die fehlende Dampfmenge durch ein automatisch wirkendes Ventil als gedrosselter Frischdampf zugesetzt werden. Durch Wahl des Anfangsdruckes hat man es aber in ziemlich weiten Grenzen in der Hand, eine Übereinstimmung des Wärmebedarfs mit dem Kraftbedarf und der Dampfmenge zu erreichen.

1. Die Wirtschaftlichkeit des vereinigten Kraft- und Heizbetriebes mit Gegendruckturbine gegenüber getrennter Krafterzeugung und Drosseln des Frischdampfes auf den gewünschten Druck sei an einem Zahlenbeispiel gezeigt.

Beispiel[1]). Eine Brikettfabrik, deren Kesselanlage Dampf von 12 at Überdruck, 325 C erzeugt, benötige zur Trocknung der Rohbraunkohle stündlich 20000 kg Dampf von 2,5 at Überdruck.

Der Wärmeinhalt des Frischdampfes ist (aus dem *is*-Diagramm) $i = 742$ kcal/kg; er bliebe beim Drosseln derselbe (siehe Teil I, S. 31 und 36). Das in der Turbine verfügbare Wärmegefälle ist $h_t = 742 - 671 = 71$ kcal/kg. Es sei der effektive Wirkungsgrad (s. Teil I, S. 116) zu $\eta_e = 0{,}65$ angenommen und die mechanischen und Abkühlungsverluste zu 5 /₀ geschätzt; dann werden dem Dampf in der Turbine $0{,}7 \cdot 71 = 50$ kcal/kg entzogen, der austretende Dampf hat somit einen Wärmeinhalt von $742 - 50 = 692$ kcal/kg gegenüber 742 kcal/kg beim gedrosselten Dampf, also 7,2 $/_0$ weniger. Um in beiden Fällen die gleiche Anzahl kcal zu erhalten, müßte bei der Gegendruckturbine um 7,2 $/_0$ mehr Dampf zugeführt werden, also $20000 \cdot 1{,}072 = 21440$ kg/Stunde.

Der Dampfverbrauch der Turbine ist (s. Tl. I, Gl. (77), S. 129) $D_e = 632 : (0{,}65 \cdot 71) = 13{,}7$ kg/PS/h, und die aus der ganzen Dampfmenge erzielte Leistung ist

$$N_e = 21440 : 13{,}7 = 1570 \text{ PS}_e.$$

Für die 1440 kg mehr würde man demnach 1570 PS erhalten: wollte man dieselbe Leistung beim getrennten Betrieb erhalten, so müßte eine Kondensationsturbine aufgestellt werden, deren Dampfverbrauch bei einem Austrittsdruck von $p_0 = 0{,}06$ at, also $h_t = 742 - 525 = 217$ kcal/kg und $\eta_e = 0{,}69$, $D_e = 632 : (0{,}69 \cdot 217) = 4{,}23$ kg/PS/h, wäre, die also für die 1570 PS eine Dampfmenge von $1570 \cdot 4{,}23 = 6640$ kg/h benötigte.

Man hätte somit durch den Betrieb mit Gegendruckturbine eine Ersparnis $6640 - 1440 = 5200$ kg/h Dampf oder, bei 7facher Verdampfung, eine Kohlenersparnis von $5200 : 7 = 743$ kg/h.

---

[1]) Die Angaben sind einer älteren Anlage entnommen, bei besseren Wirkungsgraden würden sich die Werte noch zugunsten des Gegendruckbetriebes verschieben.

Eine übersichtliche Gegenüberstellung geben die Wärmebilanzen beider Betriebsarten in Form der Sankey-Diagramme (Abb. 43). Der Wärmegewinn beträgt somit 19,5%.

2. Die Regelung der Gegendruckturbinen. Arbeitet die Gegendruckturbine allein, so wird die Leistung in bekannter Weise vom Drehzahlregler eingestellt und eine dementsprechende Dampfmenge verfügbar sein; etwa überschüssiger

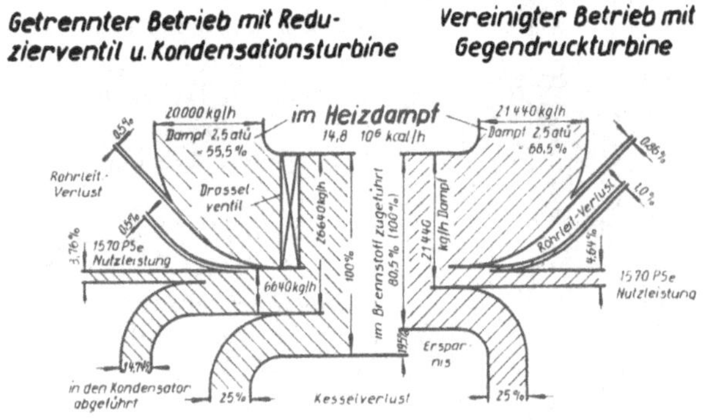

Abb. 43. Wärmebilanz bei vereinigtem und getrenntem Kraft- und Heizbetrieb

Dampf müßte durch ein auf den Heizdruck eingestelltes Ventil entweichen, hingegen bei zu wenig Heizdampf automatisch gedrosselter Frischdampf zugesetzt werden.

Arbeitet aber die Turbine mit anderen Maschinen parallel, so übernimmt die Gegendruckturbine nur die der benötigten Dampfmenge entsprechende Belastung, die fehlende Leistung müssen die anderen Maschinen übernehmen. Die Leistung der Gegendruckturbine wird alsdann von einem Druckregler beeinflußt, der den Gegendruck konstant zu halten hat. Der Fliehkraftregler dient dann nur zum Regeln der Drehzahl.

Die Druckregler bestehen in der einfachsten Form aus einem Zylinder mit federbelastetem Kolben oder einer Membran, auf den bzw. auf die der konstant zu haltende Druck wirkt und bei kleinen Änderungen dieses Druckes den Steuerschieber bzw. den Druckölablauf in gleicher Weise verstellt wie den Drehzahlregler. Bei besonders hohen Anforderungen in bezug auf die Unveränderlichkeit des Druckes werden besondere Differenzdruckregler angewendet.[1]

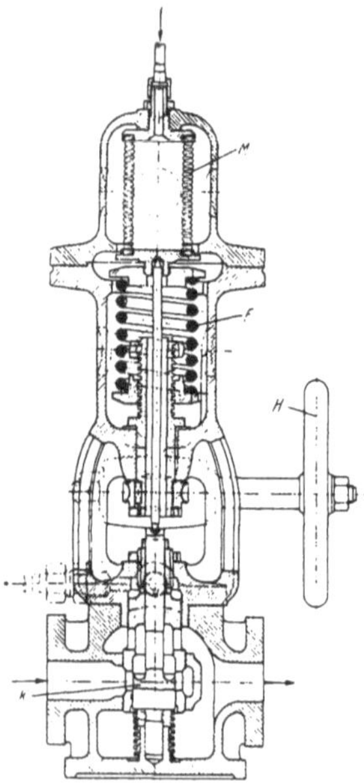

Abb. 44
Metallbalgdruckregler von BBC

Da die Drosselreglung (s. S. 6) bei den kleinen Wärmegefällen der Gegendruckturbinen ein rasches Ansteigen des Dampfverbrauches bei Teilbelastungen ergibt, so wird bei Gegendruckturbinen fast ausnahmslos automatische Düsenreglung vorgesehen (nur bei reinen Überdruckturbinen nicht).

a) Abb. 44 zeigt einen Membran-Druckregler von BBC mit der Balgenmembran M, der Feder F und dem Ölkolben K, der den Abfluß des Steueröles in der gleichen Weise verstellt wie der Drehzahlregler.

Das Schema der Reglung einer Gegendruckturbine von BBC mit dem oben erwähnten Druckregler zeigt Abb. 45. Vgl. die Öldrucksteuerung Abb. 21, S. 33.

b) Bei der Reglung der Gegendruckturbinen der AEG, die im Schema in Abb. 46 wiedergegeben ist, wird mittels Gestänge der Steuerschieber e sowohl vom Druckregler c als auch vom Drehzahlregler *a* verstellt, wodurch das Drucköl über oder unter den Kraftkolben *f* (der als Drehkolben ausgeführt ist) gesteuert wird und die Bewegung des Kolbens die Rückführung bewirkt (vgl. Abb. 18, S. 30).

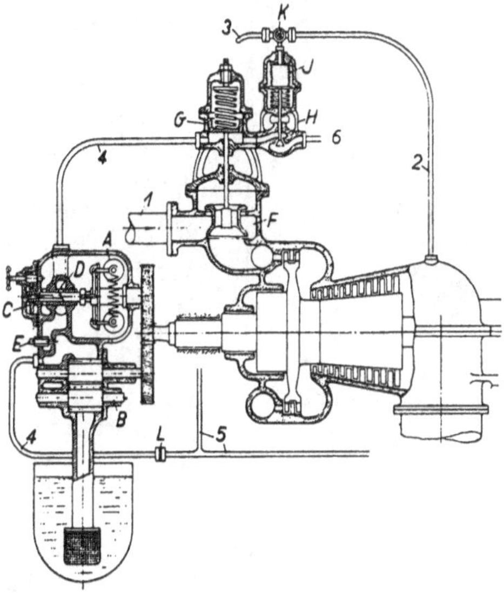

Abb. 45. Regelung einer Gegendruckturbine (BBC)

A = Hauptregler	G = Kraftkolben zu F	1 = Frischdampfleitung
B = Zahnradölpumpe	H = Druckregler	2 = Impulsleitung zu H
C = Ölreglerbüchse	J = Membrane zu H	3 = Ins Freie
D = Ölreglerschlitz	K = Hahn z. Ausschalten	4 = Druckölleitungen
E = Einstellschraube	L = Blende	5 = zu den Lagern
F = Frischdampfeinlaßventil		6 = Ölablauf

c) Eine interessante Druckreglung ist die von Kühnle, Kopp & Kausch. Der Druckregler besteht aus einer Plattenmembran 1, die durch den gleichbleibend zu haltenden Druck (Pumpe oder Verdichter u. a.) mehr oder weniger durchgebogen wird und andererseits auf den Stab 2 einwirkt, der durch die Feder 3 belastet ist und an seinem rechten Ende die Steuerschnauze *b* mehr oder weniger abschließt, so daß der Druck des bei *e* eintretenden Regelöles durch die Weite der Öffnung der Steuerschnauze geändert wird und das Regelventil 6 entgegen dem Druck der Feder 5 betätigt. Das Öl fließt aus dem Raum hinter der Steuerschnauze ab, ebenso auch das Lecköl aus dem Raum der Ventilfeder 5. Bei Pumpenantrieb ist ein Drehzahlregler nicht erforderlich, bei Gegendruckturbinen mit unverändert zu haltendem Druck des austretenden Dampfes wird die Reglung außerdem durch einen Stabfederregler, s. Abb. 15, S. 27, u. 30, S. 45, beeinflußt.

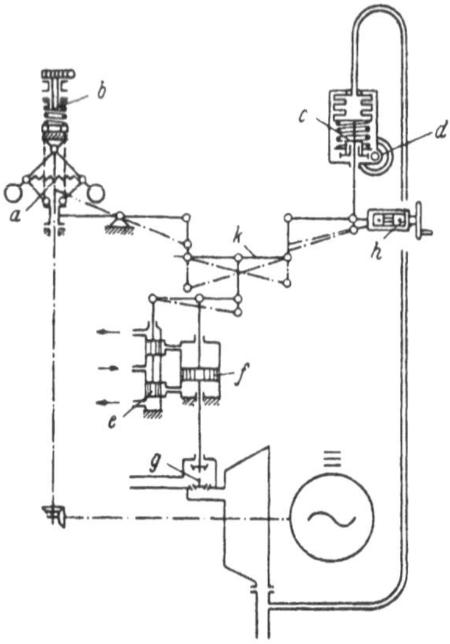

Abb. 46
Reglung einer Gegendruckturbine der AEG

3. Ausgeführte Gegendruckturbinen. Die Gegendruckturbinen sind Turbinen ohne Niederdruckteil. Abb. 48 zeigt eine Gegendruckturbine von EW für 2200 kW, 3000 U/min bei 36 atü, 430° C und 10 atü Gegendruck, Kohlelabyrinthstopfbüchsen (s. Bd. II).

Die Gegendruckturbine von Borsig für 1000 kW, $n = 10000$ U/min, Abb. 49, hat Einstückläufer, das C-Rad hat 560 mm Durchmesser, die übrigen 9 Stufen 320 mm.

Die Gegendruckturbine von 4000 kW, 10000 U/min der Tschechoslowakei, Bauart Röder, Abb. 50, hat die „atmenden

Einbauten“ als Leitschaufelträger, Ausgleichkolbendichtung und Stopfbüchsen, sowie achsensymmetrische Form des Gehäuses. Letzteres ist durch eine Laterne zentrisch am Getriebegehäuse aufgehängt, wie auch das hintere Lager, und vorn durch einen kräftigen Zapfen in einem Lagerbock gehalten.

Eine Gegendruck- und Vorschaltturbine für hohe Drücke und Temperaturen von BBC zeigt Abb. 51.

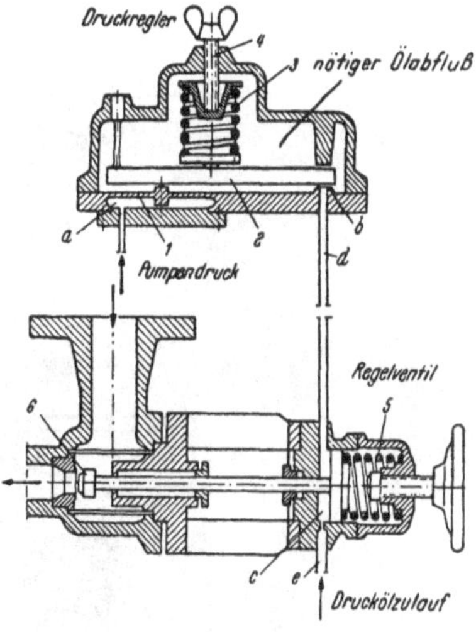

Abb. 47
Druckregler von Kühnle, Kopp & Kausch

III. Entnahme-(Anzapf)-Turbinen

Ist der Heizdampfbedarf schwankend oder wird nur zeitweise Heizdampf gebraucht oder kommen Belastungsschwankungen unabhängig vom Dampfbedarf vor, so wird anstatt der Gegendruckturbine eine Turbine mit Zwischendampfentnahme angewendet. Baulich ist dieses eine Frischdampfturbine mit Kondensation, bei der aus einer mittleren Stufe mit entsprechendem Druck eine in gewissen Grenzen beliebige Dampfmenge entnommen werden kann; wird nichts entnommen, so arbeitet die Turbine als reine Kondensationsturbine; wird die ganze Menge entnommen, so arbeitet nur der Hochdruckteil als Gegendruckturbine, während der Niederdruckteil im Vakuum leer mitläuft. Zwischen diesen Grenzen kann

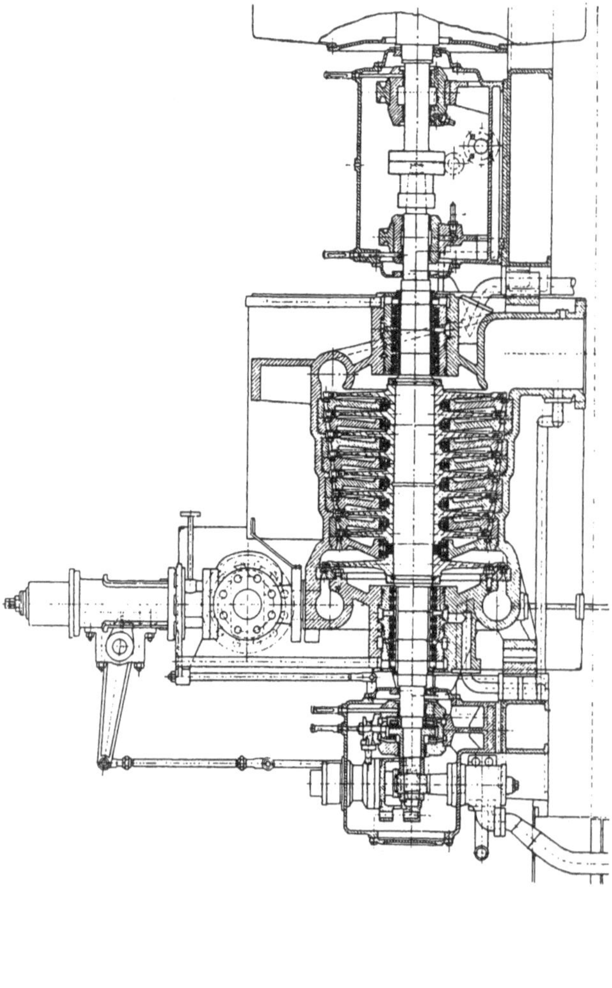

Abb. 48. Gegendruckturbinen 2200 kW von Escher Wyss

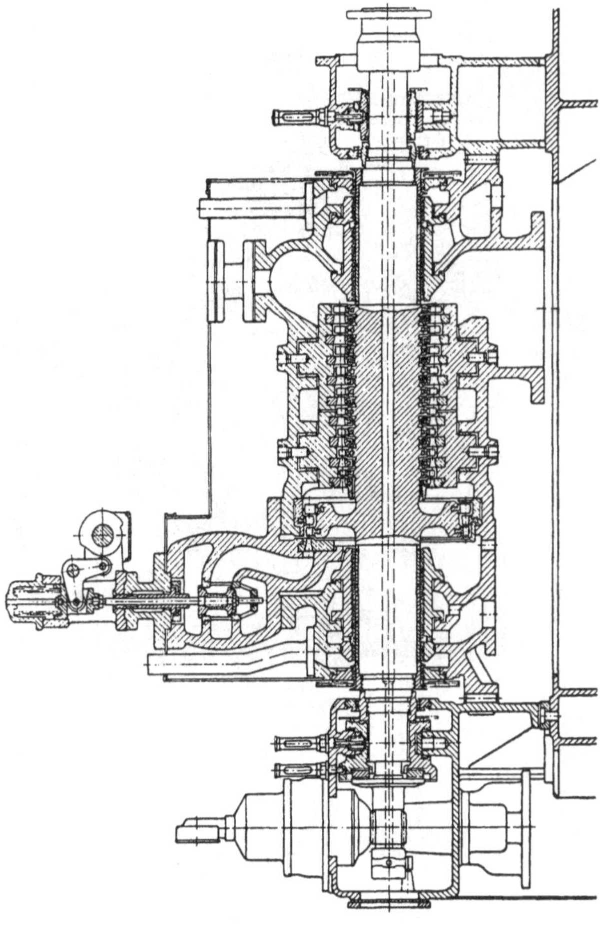

Abb. 49. Gegendruckturbine (1000 kW, 10000 U/min) von Borsig

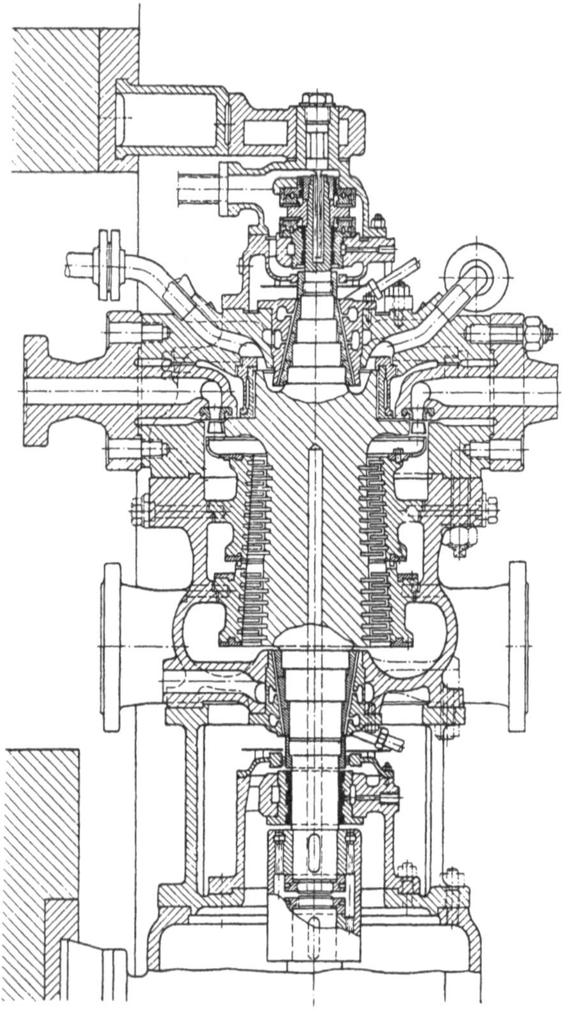

Abb. 50. Gegendruckturbine der ČSR, Bauart Röder, 4000 kW, 10000 U/min

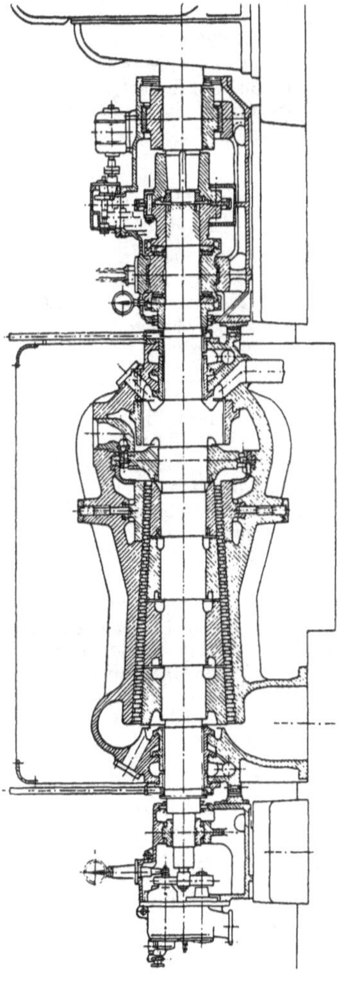

Abb. 51. Hochdruck-Gegendruck- und Vorschaltturbine von BBC

jede beliebige Menge entnommen werden; in den Niederdruckteil gelangt durch das gesteuerte Überströmventil nur die nicht benötigte Dampfmenge. Wird dagegen zeitweilig mehr Dampf gebraucht, als der Belastung entspricht, so wird automatisch gedrosselter Frischdampf in die Entnahmeleitung zugesetzt.

1. Die Wirtschaftlichkeit des Betriebes mit Entnahme werde gezeigt an einem

Beispiel. Es seien für eine Papierfabrik 1500 PS und 10000 kg/h Heizdampf von 1,5 atü erforderlich. Der Dampf werde in einer älteren Kesselanlage erzeugt mit 12 atü, 350° C; der Wärmeinhalt ist $i = 753$ kcal/kg. Die Kondensatorspannung sei $p_0 = 0,06$ at.

Wird der Heizdampf direkt aus dem Kessel entnommen und durch Reduzierventil auf 2,5 ata gedrosselt, die 1500 PS aber in einer Kondensationsturbine erzeugt, so sind im Heizdampf 10000 · 753 = 7530000 kcal enthalten, während die 1500 PS bei einem Dampfverbrauch von D_e = 4,5 kg/PS/h in der Stunde 1500 · 4,5 = 6750 kg mit 5082800 kcal/h erfordern, von denen 632 · 1500 = 948500 kcal/h in mechanische Nutzenergie umgesetzt werden, der Rest von 4134300 kcal/h geht, vermindert um die äußere Verlustwärme, unausgenutzt in das Kühlwasser des Kondensators. Im ganzen sind im Kessel bei einem Wirkungsgrad η_k = 0,75 desselben auf dem Rost

$$(7530000 + 5082800) : 0{,}75 = 16817000 \text{ kcal/h}$$

für 16750 kg/h aufzuwenden.

Wird hingegen der Heizdampf der Turbine entnommen, so entspricht den 7530000 kcal/h wegen des geringeren Wärmeinhaltes des entnommenen Dampfes — 697 kcal/kg (h_t = 88 kcal/kg, η_i = 0,64) — eine Dampfmenge von 7530000 : 697 = 10800 kg/h, die, im Hochdruckteil arbeitend, eine Leistung von

$$10800 \cdot 88 \cdot 0{,}64 : 632 = 960 \text{ PS ergibt.}$$

Die fehlenden 540 PS erfordern, entsprechend dem Dampfverbrauch von 4,5 kg/PS/h, noch 540 · 4,5 = 2430 kg Dampf in der Stunde, der im Hoch- und im Niederdruckteil arbeitet mit 1829800 kcal, von denen 341300 kcal in Nutzarbeit umgesetzt sind und 1488500 kcal ins Kühlwasser gehen; es sind somit im ganzen im Kessel 10800 + 2430 = 13230 kg/h Dampf zu erzeugen mit 13230 · 753 = 9962200 kcal, wofür auf dem Kesselrost 13283000 kcal/h aufzuwenden sind.

Mithin beträgt die Ersparnis beim vereinigten Kraft-Heizbetrieb gegenüber dem getrennten Betrieb 3250 kg Dampf in der Stunde, d. s. 21%, oder 3534000 kcal/h, entsprechend einer Ersparnis an Kohle, wenn der Heizwert zu 7200 kcal/kg angenommen wird, von 3534000 : 7200 = 490 kg in der Stunde! Dazu kommt noch die Ersparnis an Heizfläche. Die Gegenüberstellung der Wärmebilanz beider Betriebsarten zeigt Abb. 52.

Da sich der Dampfverbrauch für die PS-Stunde mit der Heizdampfmenge ändert, wird meist die Gesamtdampfmenge in der Stunde bei verschiedenen Entnahmemengen in Abhängigkeit von der Belastung angegeben bzw. graphisch aufgetragen. Man erhält dann eine Kurvenschar nach Abb. 53, aus der auch die Dampfersparnis zu ersehen ist, da z. B. bei 10000 kg/h Entnahme und Vollast nur eine Gesamtdampfmenge von 13230 kg erforderlich ist, also für 1500 PS nur 3230 kg.

Aus der Darstellung sind auch die Grenzen der bei verschiedenen Belastungen möglichen Entnahmemengen ersichtlich.

Der Vorteil der Speisewasservorwärmung durch

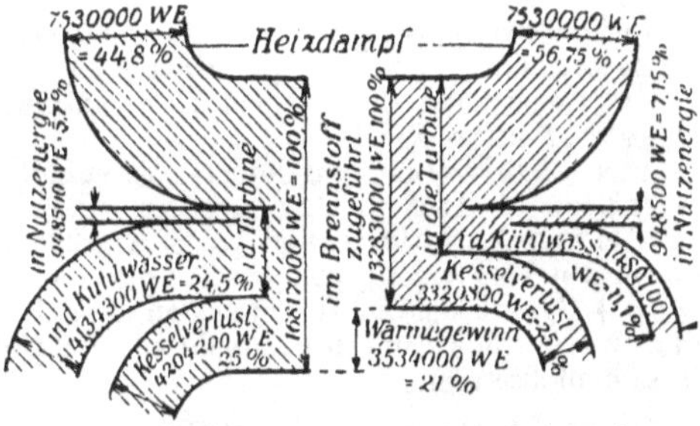

Abb. 52. Wärmebilanz eines getrennten und eines vereinigten Kraft- und Heizbetriebes mit Entnahmeturbine

Dampfentnahme aus einer Zwischenstufe, deren Druck einer um 7 bis 10° C höheren Temperatur entsprechen muß als die gewünschte Vorwärmtemperatur, sei an einem Beispiel gezeigt.

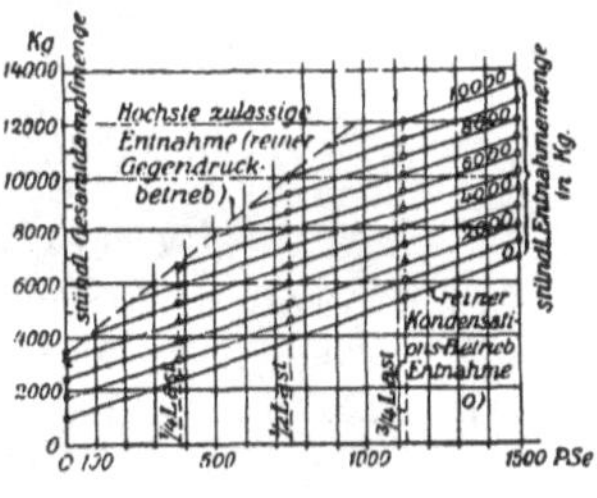

Abb. 53
Dampfverbrauch in Abhängigkeit von der Entnahmemenge und Belastung

Beispiel. Eine Dampfturbine von 6000 kW = 8600 PS_e ($\eta_{dvn} = 0{,}948$), $n = 3000$, $p =$ 25 ata, 400 C, 95% Vakuum, also $p_0 = 0{,}05$ ata, wird bei $p_e =$ 5 ata angezapft, um das Speisewasser (Kondensat) auf $t_w = 145^0$ C vorzuwärmen, wobei das Kondensat des Anzapfdampfes ebenfalls in den Kessel gespeist wird.

Der innere Wirkungsgrad (s. Teil I, S. 113) des Hochdruckteiles sei $\eta_{iH} = 0{,}76$ (bis zur Entnahmestufe), derjenige des Niederdruckteiles $\eta_{iN} = 0{,}80$ und der mechan. Wirkungsgrad $\eta_m = 0{,}98$ angenommen.

Das adiab. Gefälle des Hochdruckteils bis auf den Entnahmedruck p_e ist aus dem *is*-Diagramm $h_H = 774{,}1 - 677{,}8 = 96{,}3$ kcal/kg, die innere Leistung ist dann $h_{iH} = h_H \cdot \eta_{iH} = 96{,}3 \cdot 0{,}76 = 73{,}1$ kcal/kg und der Wärmeinhalt des Entnahmedampfes $i_e = 774{,}1 - 73{,}1 = 701{,}0$ kcal/kg, zugleich Zustand vor dem Niederdruckteil, so daß dessen adiab. Gefälle aus dem *is*-Diagramm (von 5 ata, $i_e = 701$ bis auf $p_0 = 0{,}05$) $h_N = 701 - 526{,}0 = 175$ kcal/kg und das innere Gefälle $h_{iN} = 175 \cdot 0{,}80 = 140$ kcal/kg ist.

Der Anzapfdampf wird bis zu seiner Verflüssigung, also bis auf $i'_e = 152{,}2$ kcal/kg, zur Vorwärmung ausgenutzt, wobei er im Gegenstrom das Kondensat aus dem Kondensator auf 145° C mit $i_w = 145{,}9$ kcal/kg vorwärmt.

Es sei G_e kg/h die zur Vorwärmung entnommene stündl. Dampfmenge, G_N kg/h die im Niederdruckteil arbeitende Dampfmenge, die mit 32,5° C entsprechend 0,05 ata und $i'_0 = 32{,}5$ kcal/kg aus dem Kondensator in den Vorwärmer gepumpt wird; die Gesamtdampfmenge $G = G_e + G_N$ arbeitet im Hochdruckteil. Das Kondensat nimmt je kg $i_w - i'$ kcal/kg auf, der Entnahmedampf gibt $i_e - i'_e$ kcal/kg ab, es muß also sein

$$G_e\,(i_e - i'_e) = G_N\,(i_w - i'_0)$$

(a) $$G_e\,(701 - 152{,}2) = G_N\,(145{,}9 - 32{,}5)$$

$$G_e \cdot 548{,}8 = G_N \cdot 113{,}4$$

oder, da $G_e = G - G_N$,

$$G - G_N = \frac{113{,}4}{548{,}8} \cdot G_N = 0{,}2066\,G_N$$

$$G_N = G : 1{,}2066 = 0{,}829\,G.$$

Da mit diesen Dampfmengen die Leistung von 8600 $PS_e = N_e$ erreicht werden soll, so muß sein

$$\frac{G \cdot h_{iH} + G_N \cdot h_{iN}}{632} = N_i = \frac{N_e}{\eta_m} = \frac{8600}{0{,}98} = 8780\ PS_i,$$

und mit $G_N = 0{,}829\,G$ und den ermittelten Werten ist

$$G \cdot 73{,}1 + 0{,}829 \cdot G \cdot 140 = 623 \cdot 8780$$

und der Dampfverbrauch

$$G = \frac{632 \cdot 8780}{73{,}1 + 116{,}0} = 29\,380 \text{ kg/h}\,.$$

Ist der Wirkungsgrad des Kessels $\eta_k = 0{,}75$ und der Heizwert der Kohle $H = 7000$ kcal/kg, so sind zur Erzeugung von G kg Dampf aus Wasser von 145° C mit $i_w = 145{,}9$ kcal/kg (es ist als Verlust im Vorwärmer Abkühlung des Anzapfdampfes auf 145° C angenommen)

$$G\,(i - i_w) = 29380\,(774{,}1 - 145{,}9)\ \text{kcal/h}$$

oder

$$K = \frac{29380 \cdot 628{,}2}{7000 \cdot 0{,}75} = 3515\ \text{kg/h}$$

Kohle erforderlich.

Ohne Anzapfung, bei Vorwärmung des Speisewassers durch die Rauchgase, wären bei denselben Turbinen- und Kesselwirkungsgraden

$$G\,(h_{iII} + h_{iN}) = 632\,N_i$$

$$G = \frac{632 \cdot 8780}{73{,}1 + 140} = 26030\ \text{kg/h Dampf erforderlich,}$$

und da derselbe aus dem Kondensat mit $i_0' = 32{,}5$ kcal erzeugt werden muß, sind

$$K = \frac{G\,(i - i_0')}{\eta \cdot \eta_k} = \frac{26030\,(774{,}1 - 32{,}5)}{7000 \cdot 0{,}75} = 3675\ \text{kg/h}$$

Kohle erforderlich. Die Ersparnis durch Anzapfvorwärmung beträgt somit 160 kg/h Kohle, das sind 4,36 %.

2. Die Reglung der Entnahmeturbinen muß die Leistung in derselben Weise durch einen Drehzahlregler verändern wie bei den normalen Turbinen; ferner muß aber auch die in den Niederdruckteil gehende Menge geregelt werden, damit der Druck des Heizdampfes konstant gehalten wird. Letzteres geschieht durch einen Druckregler in ähnlicher Ausführung wie bei den Gegendruckturbinen.

Der Druckregler beeeinflußt ein Überströmventil (siehe S. 37), das die in den Niederdruckteil tretende Menge derart regelt, daß bei sinkendem Entnahmedruck der Druckregler das Überströmventil durch ähnliche Vorrichtungen wie bei der Frischdampfreglung mehr schließt, bei steigendem Druck mehr öffnet.

Es muß die Summe der Leistung des durch die ganze Turbine strömenden Kraftdampfes und des nur im Hochdruckteil arbeitenden Heizdampfes stets der augenblicklichen Belastung entsprechen. Wären Drehzahl- und Druckreglung ganz unabhängig voneinander, so würde z. B. bei Verminderung der Leistung, der Drehzahlregler die Dampfmenge im Hochdruckteil herabsetzen, und da zunächst die in den Niederdruckteil strömende Menge dieselbe bleibt, so würde erst der sinkende Heizdampfdruck das Überströmventil mehr schließen. Andererseits würde bei veränderter Entnahmemenge der Druckregler nur das Überströmventil betätigen, wodurch sich die Leistung ebenfalls ändert, und erst die dadurch eintretende Drehzahländerung würde die Leistung einregulieren. Um nun diese Schwankungen des Entnahmedruckes bei Leistungsänderungen bzw. die Drehzahlschwankungen bei Druckreglung zu vermeiden, werden neuerdings beide Reglungen so verbunden, daß bei einer Änderung der Leistung gleichzeitig das Überströmventil im selben Sinne wie das Frischdampfventil und bei Änderung der Entnahmemenge gleichzeitig das Frischdampfventil im entgegengesetzten Sinne verstellt wird.

a) Die Entnahmesteuerung der AEG arbeitet nach diesem Prinzip; Abb. 54 zeigt das Schema; der einfacheren Darstellung wegen sind die Steuerschieber fortgelassen.

Drehzahlreglung und Druckreglung sind durch Hebel miteinander in Verbindung gebracht, die darauf hinzielt, bei Belastungsänderung die Frischdampf- und Überströmventile in gleichem Sinne zu verstellen; hingegen bewirkt eine Veränderung der Heizdampfmenge eine Verstellung beider Steuerungen im entgegengesetzten Sinne. Die Vorgänge lassen sich an Hand des Schemas (Abb. 54) leicht verfolgen.

b) Die Entnahmereglung der Wumag zeigt im Schema Abb. 55[1]).

---

[1]) Aus Zietemann, Die Dampfturbinen, s. Lit., Teil I, A. 11.

Die Reglung des Frischdampfes ist dieselbe wie bei der vereinigten Reglung (Abb. 22, S. 34), jedoch befindet sich auf der Servomotorwelle W_1 noch eine Steuernocke O für die Überström-

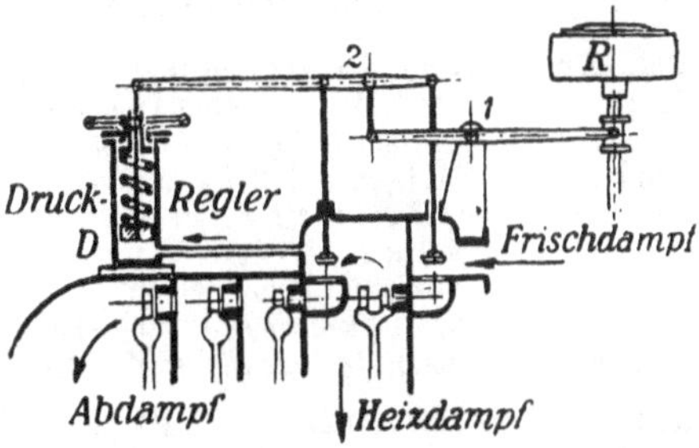

Abb. 54. Prinzip der Entnahmesteuerung (AEG)

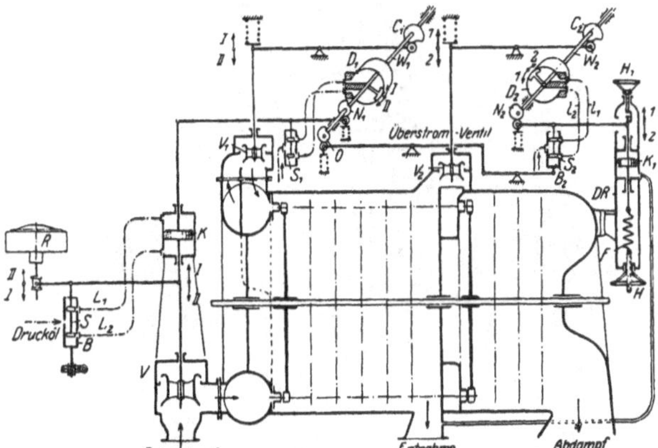

Abb. 55. Entnahmesteuerung (Wumag)

ventile V_2, die bei Belastungsänderungen im gleichen Sinne betätigt werden wie die Frischdampfventile V_1; z. B. beim Öffnen der Ventile V_1 infolge Leistungserhöhung wird die Büchse B_2 des Überströmsteuerschiebers S_2 nach unten verstellt, Drucköl strömt durch l_1 zum Drehservomotor D_2 und öffnet entsprechend Düsenventile V_2, die zusätzliche Dampfmenge gelangt in den Niederdruckteil, ohne Entnahmemenge und -druck zu beeinflussen. Ändert sich hingegen die Entnahmemenge, also auch der Druck, so werden die Ventile V_1 und V_2 im entgegengesetzten Sinne betätigt.

Steigt z. B. der Druck in der Heizleitung, so verstellt der Kolben K_1 des Druckreglers DR durch den Hebel den Steuerschieber S_2 nach oben, so daß Drucköl den Kolben des Drehservomotors D_2 links dreht und die Ventile V_2 den Zutritt zum Niederdruckteil mehr öffnen, bis der ursprüngliche, durch die Feder F mittels Handrades eingestellte Heizdampfdruck wieder erreicht ist; Rückführung durch Rolle N_2. Durch die Leistungserhöhung im Niederdruckteil steigt die Drehzahl etwas, der Regler R bewirkt in bekannter Weise Verringerung der Frischdampfzufuhr durch Verstellen der Ventile V_1.

c) Die Entnahmesteuerung von BBC zeigt Abb. 56.

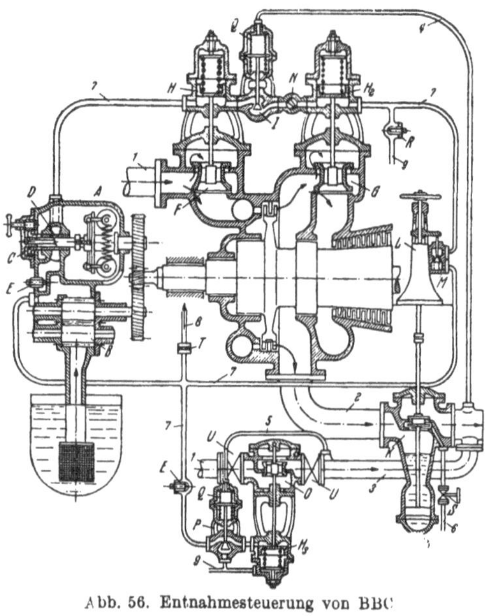

Abb. 56. Entnahmesteuerung von BBC

Die Betätigung des Frischdampfventils *F* erfolgt in der S. 31 beschriebenen Weise durch die Änderung des Öldruckes durch den Drehzahlregler; dadurch wird in demselben Sinne auch das Überströmventil *G* betätigt, so daß eine Beeinflussung desselben durch den Drehzahlregler gegeben ist. Wird hingegen der Entnahmedruck geändert, z. B. erhöht durch Verringern der Entnahmemenge, so wird der durch 4 über die Balgenmembran des Druckreglers *Q* geleitete Heizdampf das Ventil *I* entgegen dem Federdruck mehr öffnen, der Öldruck der Hochdrucksteuerung fällt, während er gleichzeitig unter dem Kolben H_2 steigt; es wird also Ventil *F* mehr schließen, hingegen das Überströmventil *G* mehr öffnen. Bei Reglung der Entnahme findet somit eine entgegengesetzte Bewegung beider Ventile statt. Bei Druckabnahme ist der Vorgang umgekehrt. Reicht die Heizdampfmenge, z. B. bei kleiner Leistung nicht aus, dann wird durch das Zusatzventil *Q* automatisch gedrosselter Frischdampf in die Heizleitung geleitet.

3. Ausgeführte Entnahmeturbinen

Baulich unterscheidet sich die Entnahmeturbine von der normalen Kondensationsturbine nur durch die Trennung von Hoch- und Niederdruckteil durch eine Zwischenwand und durch einen Überströmkanal, in dem das Überströmventil angeordnet ist. Es seien deshalb nur einige Ausführungsbeispiele gezeigt.

Bei der Anzapfturbine der AEG werden die Überströmventile in der gleichen Weise ausgeführt und gesteuert wie die Frischdampfventile (s. S. 29), jedoch durch einen Druckregler; Abb. 57 zeigt den Schnitt durch eine solche Turbine für 10000 kW.

Die Reglung veranschaulicht Abb. 54.

Eine Entnahmeturbine der ČSR von 1250 kW, $n =$ 3000 U/min, für Dampf von 23 atü, 375° C, 5000 kg/h Entnahme bei 4 ata, zeigt Abb. 58. Hochdruckteil Gleichdruckstufen, Niederdruckteil eine Gleichdruckregelstufe und Überdruckstufen.

In neuerer Zeit wird, besonders bei höheren Drücken, den Turbinen an einer oder mehreren Stellen des Gehäuses Dampf in ungeregelter Menge zur Speisewasservorwärmung entnommen, wodurch der Wirkungsgrad der Anlage wesentlich

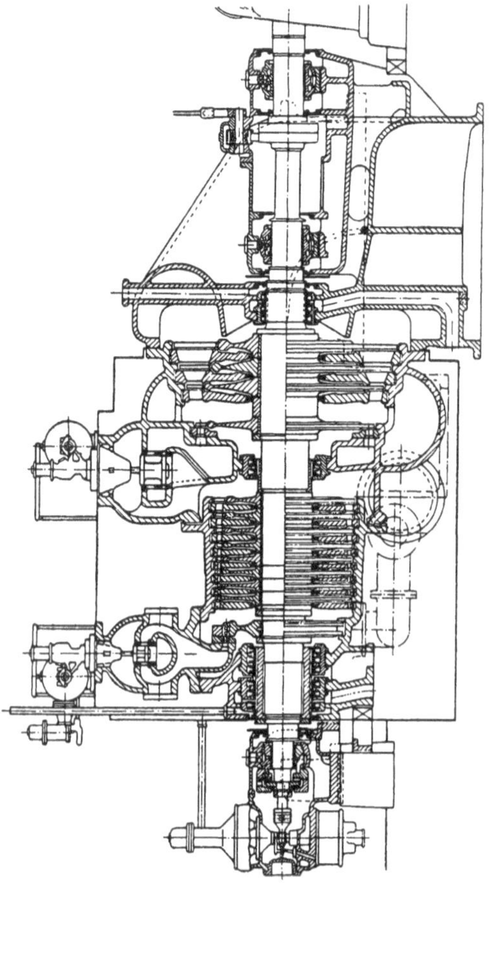

Abb. 57. Entnahmeturbine der AEG 10000 kW/3000

verbessert werden kann. Solche Turbinen werden als **Anzapfturbinen** bezeichnet. Der Gewinn gegenüber der

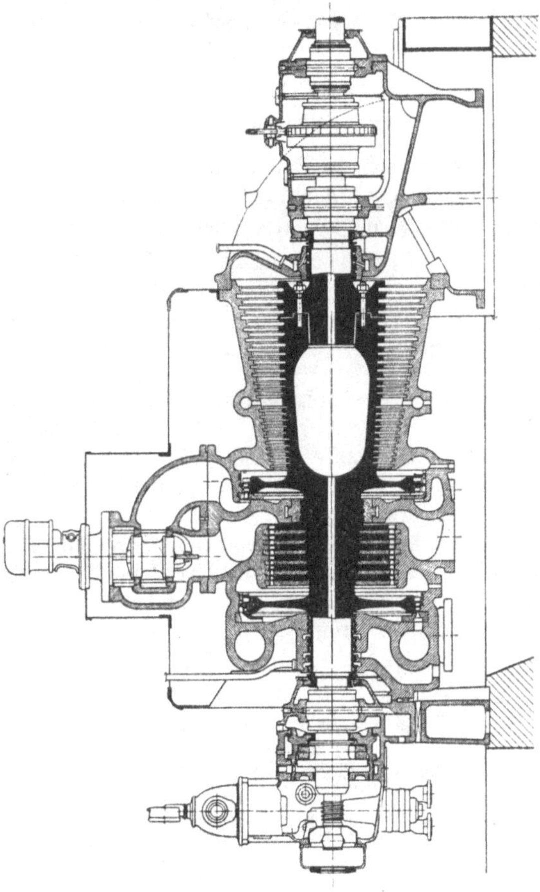

Abb. 58. Entnahmeturbine der ČSR

Speisewasservorwärmung durch die Heizgase des Dampferzeugers beträgt je nach der Anzahl der Anzapfstellen bis zu 10% (s. S. 73). Es muß jedoch für die Ausnutzung der Wärme in den Rauchgasen durch andere Verbraucher (Luftvorwärmer o. a.) gesorgt werden, damit die Anzapfvorwärmung tatsächlich wirtschaftlich ist.

IV. Abdampfturbinen

Abdampfturbinen (s. S. 60) sind Niederdruckturbinen mit Kondensation, die dank der Eigenschaft der Turbinen, hohe Vakua gut auszunutzen, noch einen Teil der Abwärme des Dampfes der Auspuffkolbenmaschinen verwerten. Das Druck-Volumen-Diagramm (Abb. 59) zeigt als Fläche *abcde* die Arbeit der Auspuffmaschine und als untere Fläche *fghi* den Arbeitsgewinn durch weitere Verwertung in der Abdampfturbine.

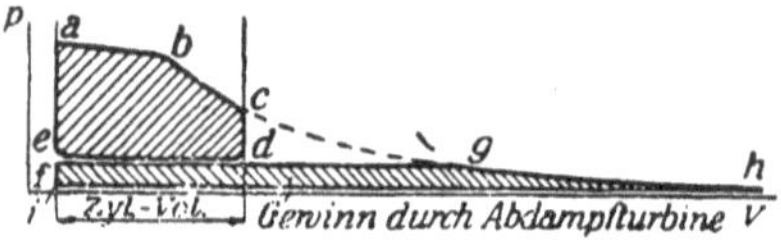

Abb. 59. Arbeitsgewinn durch Abdampfturbinen

Wie bereits erwähnt, wird der nicht stetig und in wechselnder Menge aus den Kolbenmaschinen tretende Dampf in Abdampf- oder Wärmespeichern gesammelt, deren Bauart und Wirkungsweise S. 93 beschrieben ist, und dann in kontinuierlichem Strome der Turbine zugeführt.

1. Die Wirtschaftlichkeit der Abdampfturbinen zeigt folgendes

Beispiel. Zwei Fördermaschinen und ein Dampfhammer verbrauchen bei einer Gesamtleistung von 720 PS im Laufe einer Stunde 18000 kg Dampf, der mit 1,1 ata trock. gesätt. und 639 kcal/kg, also 11502000 kcal stündlich nutzlos ins Freie auspuffen würde. Führt man nun den gesamten Abdampf einer Abdampfturbine zu, deren Kondensatordruck 0,06 ata beträgt, so sind aus dem Abdampf, wenn ein Wärmeverlust von 6% in den

Leitungen und im Speicher angenommen wird, für die Turbine noch 95,5 kcal/kg als Wärmegefälle verfügbar; bei einem effektiven Wirkungsgrad von $\eta_e = 0{,}73$ (etwas höher als bei Hochdruckturbinen, da der Hochdruckteil einen schlechteren Wirkungsgrad hat) ist der Dampfverbrauch $D_e = 9{,}0$ kg/PS/h, so daß aus dem Dampf noch eine Nutzleistung von $N_e = 18000 : 9{,}0 = 2000$ PS, entsprechend 1264600 kcal/h, gewonnen wird, deren Kosten somit nur aus der Verzinsung und Abschreibung der Dampfturbinenanlage und aus den Ausgaben für Wartung und Schmieröl bestehen, da der Betriebsdampf kostenlos geliefert wird.

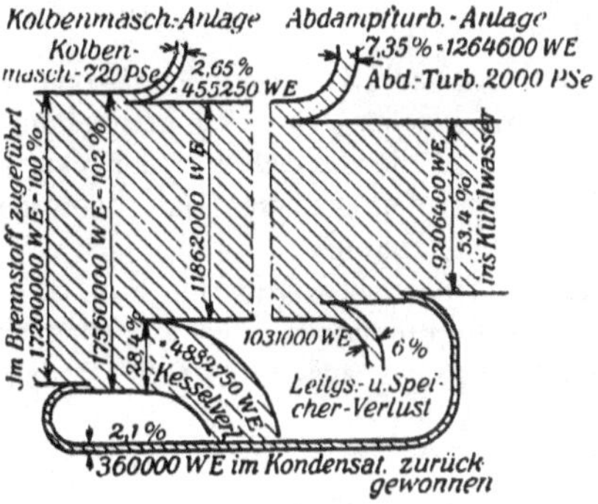

Abb. 60. Wärmebilanz einer Anlage mit Auspuffmaschine und Abdampfturbine

Die Wärmebilanz zeigt das Sankey-Diagramm (Abb. 60); im Kessel werden 17200000 kcal/h aufgewendet.

Es werden aber im Kondensat noch weitere 360000 kcal/kg gegenüber Speisewasser von 15 C zurückgewonnen.

Die Ausnutzung wird natürlich bei höherem Vakuum noch besser, doch macht sich bei großen Abdampfmengen und Leistungen häufig eine Unterteilung der Niederdruckstufen erforderlich, um zu große Schaufellängen zu vermeiden.

Folgende Zahlentafel gibt einige Werte der verfügbaren Wärmegefälle, aus denen auch der Dampfverbrauch und damit die aus der zur Verfügung stehenden Dampfmenge erzielbare Leistung bestimmt werden kann; die Wirkungsgrade sind bei neueren Anlagen noch etwas höher (vgl. Teil I, S. 118).

Verfügbare Wärmegefälle kcal/kg für Abdampfturbinen

Anfangsdruck ata	Vakuum bzw. Kondensatorspannung ata						
	91% 0,09	92% 0,08	93% 0,07	94% 0,06	95% 0,05	96% 0,04	97% 0,03
1,1	89,5	93	97,5	101,5	107	113,5	122,5
1,2	93	95,5	100,3	105	110,5	116,5	125,5

2. Die Reglung und die Bauart der Abdampfturbinen sind dieselben wie bei den normalen Frischdampfturbinen, nur sind bei ersteren die Querschnitte der Ventile und der Kanäle entsprechend dem größeren Dampfvolumen wesentlich größer als bei letzteren.

Reine Abdampfturbinen werden nur dort in Frage kommen, wo die Abdampfmenge für den Kraftbedarf ausreicht und nicht für längere Zeit aussetzt; ist dieses nicht der Fall, so verwendet man

V. Zweidruck-(Frischdampf-Abdampf-)Turbinen

Bei diesen wird der Abdampfturbine ein Hochdruckteil vorgeschaltet, welchem entsprechend der verfügbaren Abdampfmenge und der jeweiligen Belastung Frischdampf zugeführt wird. Reicht die Abdampfmenge aus, so arbeitet die Turbine als reine Abdampfturbine, der Hochdruckteil läuft leer mit; ist kein Abdampf vorhanden, so arbeitet die Turbine nur mit Frischdampf als reine Kondensationsturbine, jedoch mit für diese Betriebsart zu langen Schaufeln des ND-Teiles.

Die Anordnung einer Anlage mit Zweidruckturbine zeigt Abb. 61.

Der Hochdruckteil ist für die größte Dampfmenge (reiner Frischdampfbetrieb) zu berechnen und so zu bemessen, daß der Dampf vor der Stufe, in die der Abdampf eintritt, den Abdampfdruck erreicht. Der Niederdruckteil ist für die größte Leistung und reinen Abdampfbetrieb zu bemessen, falls dieser ausreicht, andernfalls für die größte durch den Niederdruckteil strömende Mischdampfmenge zu berechnen. Vor dem Niederdruckteil erfolgt Mischung beider Dampfarten, die Dampfführung kann auf verschiedene Art erfolgen[1]), der Zustand kann aus den Wärmeinhalten ermittelt werden, da die Summe der Produkte aus Wärmeinhalt und Menge vor der Mischung gleich sein muß dem Produkt aus Menge und Wärmeinhalt nach der Mischung.

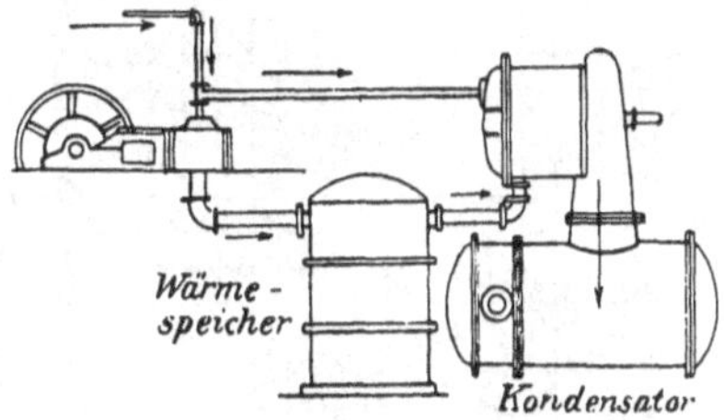

Abb. 61. Frischdampf-Abdampfturbinen-Anordnung

1. Die **Wirtschaftlichkeit** des Zweidruckbetriebes ist durch die Verwertung des Abdampfes anderer Maschinen in gleicher Weise wie bei den Abdampfturbinen nachweisbar. Es kommen aber bei Betrieb mit Frischdampf noch die Brennstoffkosten für den Frischdampf in Betracht, die wie für eine Frischdampfturbine festzustellen sind. Der Gesamtdampfverbrauch (Frischdampf und Abdampf) einer Zweidruckturbine bei verschiedenen Belastungen und allen möglichen Abdampfmengen wird zweckmäßig in einer Kurventafel übersichtlich dargestellt.

Abb. 62 zeigt eine solche Dampfverbrauchstafel für eine 1500-kW-Turbine; aus derselben sind auch die möglichen

[1]) S. Zietemann, Die Dampfturbinen, s. Literatur, Teil I.

Belastungen bei reinem Abdampfbetrieb mit verschiedenen Abdampfmengen ersichtlich.

2. Die Regelung der Zweidruckturbinen

a) Die Bedingungen, denen die Reglung genügen muß, sind folgende: Frischdampf- und Abdampfzufuhr zur Turbine müssen der im Sammler (Speicher) vorhandenen Abdampfmenge angepaßt werden; bei zunehmender Belastung muß erst der Abdampf ausgenutzt, und erst wenn dieser nicht ausreicht, Frischdampf zugeführt werden. Hingegen muß bei sinkender Belastung zunächst die Frischdampfzufuhr verringert werden. Ferner darf beim Übergang von Frischdampf- auf Abdampfbetrieb oder umgekehrt nur eine ganz geringe Änderung der Umlaufzahl erfolgen.

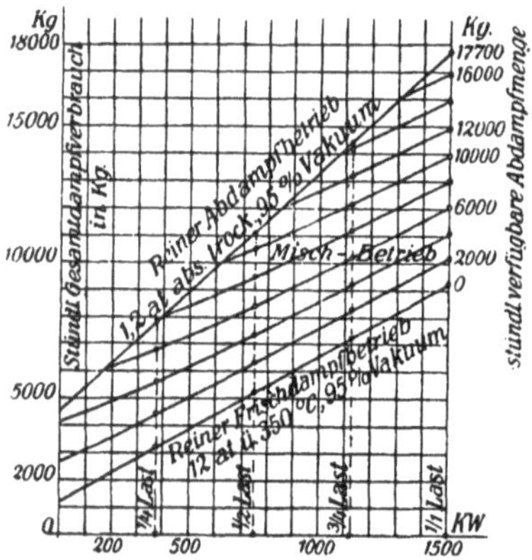

Abb. 62
Dampfverbrauch einer Zweidruckturbine für verschiedene Abdampfmengen und Belastungen

Die Anpassung an die Abdampfmenge erfolgt durch einen Druckregler, der bei Kesselspeichern (s. S. 95) durch Einwirkung des Abdampfdruckes im Speicher betätigt wird, während bei Glockenspeichern (s. S. 97) die Beeinflussung von der Höhenlage der Speicherglocke abhängig gemacht wird; dieses geschieht meist durch eine besondere Fernsteuerung.

Es muß somit bei unveränderlicher Belastung und abnehmender Abdampfmenge das Abdampfventil mehr schließen, um den Speicherdruck nicht unter einen gewissen Wert sinken zu lassen, während das Frischdampfventil entsprechend mehr geöffnet wird.

Bei Belastungsänderungen werden hingegen beide Ventile im gleichen Sinne bewegt, beim Öffnen aber erst das Abdampf-, dann das Frischdampfventil, beim Schließen umgekehrt.

Den Grundgedanken der Zweidruckreglung zeigt Abb. 63. Das Frischdampfventil ist durch eine Feder belastet, das

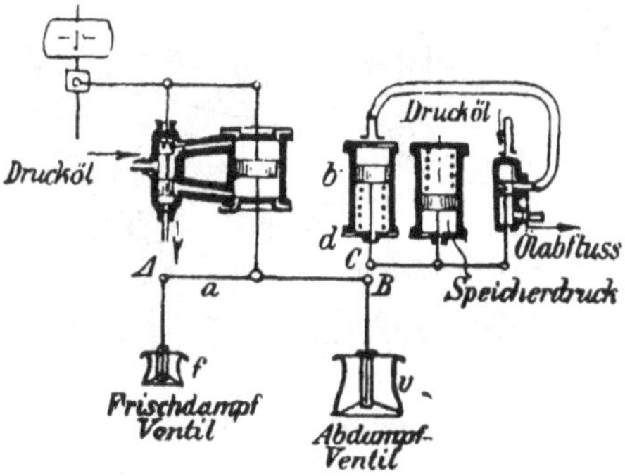

Abb. 63. Prinzip der Zweidrucksteuerung

Abdampfventil v in gleicher Weise entlastet (in der Abbildung nicht enthalten); dadurch wird bei genügendem Abdampfdruck und zunehmender Belastung A der Drehpunkt für Hebel a (Waagebalken), und das Abdampfventil v wird durch den Servomotorkolben gehoben, bis sich Punkt B gegen C stützt und dann auch das Frischdampfventil f gehoben wird. Sinkt der Abdampfdruck, so verstellt der Druckregler mittels Steuerschiebers und Drucköls den Kolben b und damit den Punkt C, so daß das Abdampfventil v weniger öffnen kann und das Frischdampfventil f früher gehoben wird. Bei sinkender Belastung wird zunächst B

Drehpunkt, es wird zuerst f mehr geschlossen, und erst wenn es ganz unten steht, wird auch v anfangen zu schließen. Bei fehlendem Abdampf hält Kolben b das Abdampfventil ganz geschlossen, es wird nur f bewegt — reiner Frischdampfbetrieb. Bei ausreichender Abdampfmenge und bei geringer Belastung ist dagegen das Frischdampfventil ganz geschlossen, es wird vom Drehzahlregler nur v bewegt — reiner Abdampfbetrieb.

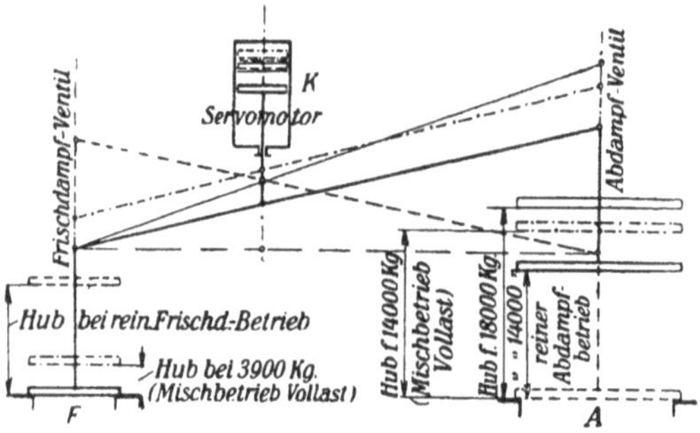

Abb. 64. Steuerungsschema einer Zweidruckturbine (1600 kW)

Vor dem Abdampfregelventil wird ein Abdampfabsperrventil angeordnet, das unter Einfluß des Sicherheitsreglers (s. S. 38) stehen muß, um Durchgehen mit Abdampf zu verhindern.

Die Hübe der Ventile bei verschiedenen Abdampfmengen und Belastungen müssen in einem bestimmten Zusammenhang stehen, der sich aus den erforderlichen Ventilquerschnitten ergibt. Abb. 64 zeigt die Verhältnisse für eine 1600-kW-Zweidruckturbine, und zwar die Ventilstellungen für reinen Abdampfbetrieb bei 14000 kg/h (850 kW), starke Linien, bzw. bei 18000 kg/h (1280 kW), dünne Linien, für Mischbetrieb bei Vollast (14000 kg Abdampf + 3900 kg

Frischdampf), strichpunktierte Linien, und für reinen Frischdampfbetrieb, gestrichelte Linien. Wie ersichtlich, sind die Lagen des Servomotorkolbens *K* für die gleiche Belastung (z. B. Vollast) bei reinem Frischdampf- und bei Misch- oder reinem Abdampfbetrieb verschieden, somit auch die Umlaufzahl, was nicht zu vermeiden ist, doch kann der Unterschied klein gehalten werden.

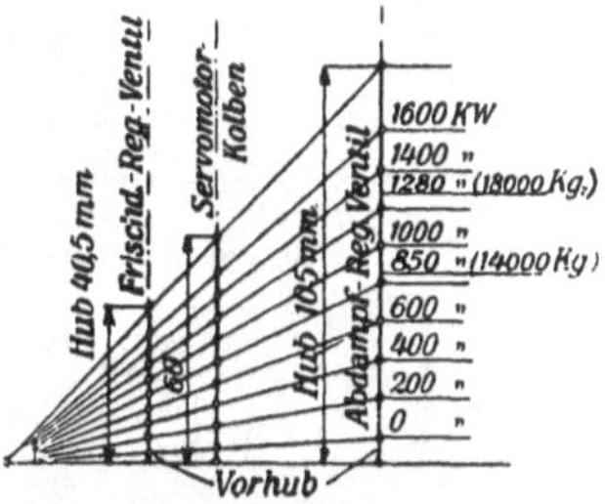

Abb. 65. Ventilhub-Diagramm einer Zweidruckreglung (1600 kW)

Das zugehörige Ventilhubdiagramm ist in Abb. 65 dargestellt. Die Ventilkegel müssen bei den jeweiligen Hüben die erforderlichen Querschnitte ergeben und sind, wie S. 12 angegeben, zu ermitteln.

b) Ausgeführte Zweidruckreglungen

α) Die Zweidruckreglung nach Rateau wurde von einigen Werken ausgeführt. Sie beruht auf dem Grundgedanken des Waagebalkens, hat aber einen etwas abgeänderten Aufbau gegenüber Abb. 63.

β) Bei der Zweidruckreglung der AEG werden für den Hochdruck- und für den Niederdruckteil Gruppenventile ausgeführt, die, wie S. 29 beschrieben, durch Drehservomotor und Nockenwelle betätigt werden und unter Einfluß des Fliehkraftreglers und eines Druckreglers stehen. Beide Reglungen sind untereinander und mit den Ventilen durch Gestänge derart verbunden, daß bei Belastungsänderungen beide Organe in gleichem Sinne, bei Druckänderungen in entgegengesetztem Sinne bewegt werden. Beide Einwirkungen können gleichzeitig erfolgen, wobei beim Übergang von Frischdampf- auf Abdampfbetrieb und umgekehrt nur eine praktisch belanglose Drehzahländerung stattfindet. Abb. 66 zeigt das Schema einer solchen Reglung.

Bei reinem Frischdampfbetrieb steht Punkt 4 am tiefsten, da ihn der Druckreglerkolben *K* bei geringer Dampfmenge nach unten zieht, und ist dann Fixpunkt für Hebel *H*. Bei reinem Abdampfbetrieb wird 4 nach oben gedrückt und 3 gesenkt, da 2 zunächst Drehpunkt für *H* ist. Dadurch werden die Frischdampfventile geschlossen und 3 bildet dann den Drehpunkt für Hebel *H* bei Belastungsänderungen. Reicht der Abdampf allein nicht aus, so nimmt der Druckregler eine mittlere Lage ein, und der Regler *R* verstellt beide Reglungen, die Abdampfreglung aber nur in den

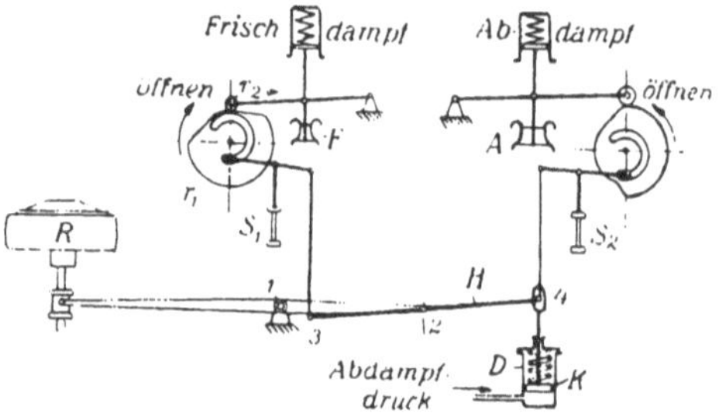

Abb. 66. Schema der Zweidruckreglung der AEG

Grenzen des Schlitzes in der Spindel des Druckreglers, also in Abhängigkeit vom Speicherdruck. Die Abb. 66 zeigt reinen Abdampfbetrieb.

γ) Die Reglung der Zweidruckturbine von BBC ist eine Öldrucksteuerung, deren Schema Abb. 67 zeigt. Frischdampfventil *E* und Abdampfventil *F* werden durch Kraftkolben *C* bzw. *D* betätigt, die hintereinandergeschaltet sind, wobei der Öldruck den Kolben *D* wegen der geringeren Federvorspannung früher anhebt als *C*. Die Einwirkung des Drehzahlreglers *R* auf die Reglung ist dieselbe, wie S. 31 beschrieben; der Abfluß des durch Ventil *G* tretenden Öles erfolgt durch Schlitz *M*, der je nach der Höhenlage des Kolbens *D* mehr oder weniger Öl abfließen läßt.

Der Abdampfdruck wirkt durch Leitung J auf die Membran H des Druckreglers und verstellt das Ölventil G.

Sinkt der Abdampfdruck, so schließt G mehr ab, der Öldruck unter D sinkt, die Feder über D schließt das Abdampfventil F mehr; gleichzeitig steigt der Öldruck unter C, das Frischdampfventil wird mehr geöffnet, so daß zur Erhaltung der Belastung nicht erst der Fliehkraftregler R einzugreifen braucht. Bleibt der Abdampf ganz aus, so schließt G den Öldurchfluß vollständig ab, die Feder über D schließt Ventil F ganz, und der Drehzahlregler R

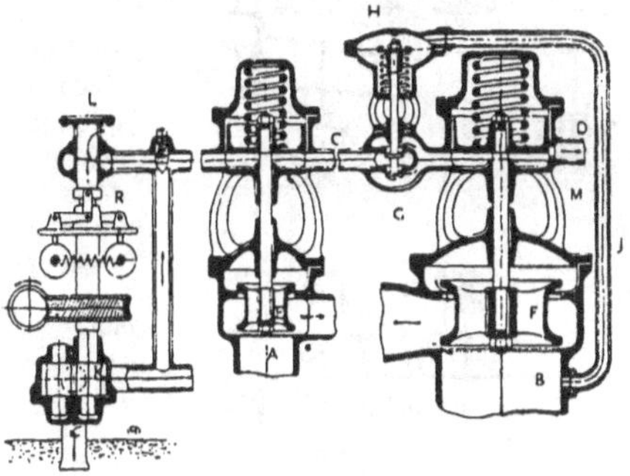

Abb. 67. Zweidruckreglung von BBC

beeinflußt nur noch das Frischdampfventil E — reiner Frischdampfbetrieb.

Ist genügend Abdampf vorhanden, so übt der Druckregler keine Wirkung auf den Öldurchfluß zum Abdampfventil aus, das Frischdampfventil ist durch die größere Federvorspannung noch geschlossen, es wird vom Regler R nur das Abdampfventil F beeinflußt — reiner Abdampfbetrieb.

Sinken Abdampfmenge und -druck, so wird G den Ölzutritt unter D drosseln, F senkt sich, gleichzeitig steigt der Öldruck unter C, E hebt sich und gibt Frischdampf in die Turbine — gemischter Betrieb.

δ) Die Zweidrucklregung der Wumag ist schematisch in Abb. 68 dargestellt. Der Fliehkraftregler R wirkt in bekannter Weise auf den Servomotorkolben K_1 ein, der am Doppelhebel H angreift.

Das Frischdampfventil F wird, solange reiner Abdampfbetrieb ausreicht, durch die Feder f geschlossen gehalten (Abb. 68a). Fällt die Drehzahl, so verstellt Regler R mittels Hebels G den Steuerschieber S_1 derart, daß Drucköl unter K_1 gelangt und der Hebel H mit 1 als Drehpunkt zunächst das Abdampfventil A mehr öffnet. Ist Ventil A ganz offen, so wird 3 fester Drehpunkt für H, und Kolben K_1 kann bei weiterer Aufwärtsbewegung auch das Frischdampfventil F öffnen und gemischten Betrieb einstellen. Der Hub des Abdampfventils wird durch den Druckregler D mittels Hebels J und Druckölkolbenspindel P begrenzt; steigt der Abdampfdruck im Speicher, so geht der Druckreglerkolben und Schieber S_2 nach unten, Öl tritt unter K_2, Ventil A kann mehr öffnen. Sinkt der Speicherdruck, so findet umgekehrte Bewegung statt, bis schließlich bei zu wenig oder ganz ausbleibendem Abdampf das Ventil A ganz geschlossen wird, wodurch Leersaugen (Evakuieren) des Speichers vermieden wird; es wird dann reiner Frischdampfbetrieb eingestellt (Abb. 68b). Bei Glockenspeichern (S. 97) bewirkt die Glocke bei tiefster Stellung den Abschluß des Abdampfventils.

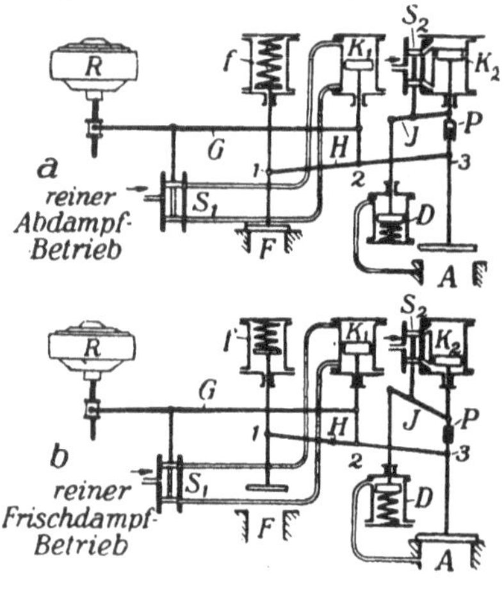

Abb. 68. Zweidruckreglung der Wumag

3. Ausgeführte Zweidruckturbinen

Baulich unterscheidet sich die Zweidruckturbine von der normalen Frischdampfturbine nur durch die Zuführung von Abdampf zwischen den Hoch- und den Niederdruckteil, wo eine Mischung mit dem aus dem Hochdruckteil tretenden

Dampf stattfindet. Infolge des großen Volumens des Abdampfes werden die Schaufeln des Niederdruckteiles lang, und es macht sich häufig eine Unterteilung des Niederdruckteiles oder der letzten Stufen desselben erforderlich.

Die Zweidruckturbine ist ähnlich der Entnahmeturbine, nur daß dieser Dampf entnommen, der Zweidruckturbine jedoch Dampf zugeführt wird.

Der Abdampf mischt sich mit dem aus dem Hochdruckteil kommenden Dampf vor den Niederdruckventilen, oder die 1. Niederdruckstufe wird vom Abdampf und vom Hochdruckdampf getrennt beaufschlagt (nur bei Gleichdruck möglich), so daß die Mischung erst vor der zweiten Niederdruckstufe erfolgt, oder der Dampf aus dem *HD*-Teil umgeht die 1. Niederdruckstufe und mischt sich mit dem Abdampf von der 2. Niederdruckstufe.

Eine Zweidruckturbine der Gutehoffnungshütte zeigt Abb. 69. Der Abdampf mischt sich mit dem Dampf aus dem Hochdruckteil erst nach den *ND*-Ventilen.

VI. Abdampf- und Wärmespeicher

Die Abdampf- und Wärmespeicher haben den Zweck, den intermittierend aus den Auspuff-Kolbenmaschinen tretenden Dampfstrom in einen gleichmäßigen zu verwandeln und zeitweilig überschüssigen Dampf aufzuspeichern für die Perioden geringer Abdampfmenge. Eine gewisse Windkesselwirkung der Abdampfspeicher verringert den pulsierenden Abdampfstoß der Kolbenmaschinen, der ein Unruhigwerden des vom Abdampfdruck beeinflußten Steuerschiebers bewirken kann. Der Abdampf der Kolbenmaschinen muß vom Ölgehalt sorgfältig befreit werden durch besondere Ölabscheider, die vor dem Eintritt des Abdampfes in den Speicher angeordnet werden.

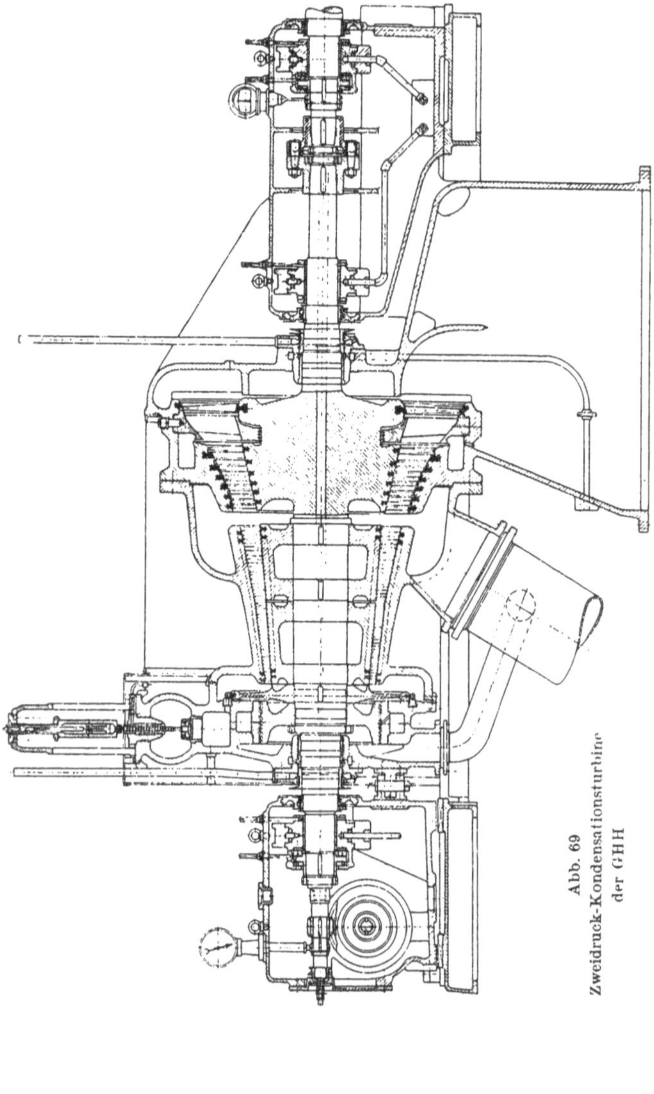

Abb. 69
Zweidruck-Kondensationsturbine
der GHH

Man unterscheidet drei Arten von Wärmespeichern.

1. Wärmespeicher mit Wasserfüllung sind zylindrische Kessel, in welche der Dampf unter inniger Vermischung mit dem Wasser eingeführt wird, wobei er kondensiert und seine Verdampfungswärme (s. Teil I, S. 11) an das Wasser abgibt; dadurch steigt bei Dampfüberschuß der Druck und die Temperatur im Speicher. Bei geringem Druckabfall infolge einer die Zufuhr übersteigenden Entnahme aus dem Speicher tritt Wiederverdampfung ein, bis die dem Druck entsprechende Temperatur erreicht ist. Damit das Verdampfen schneller vor sich geht, werden Vorrichtungen zum Wasserumlauf angeordnet.

Ist W kg das Wassergewicht des Speichers, G_1 kg das im Laufe von z_1 Sekunden des intermittierenden Betriebes zugeführte sekundliche Dampfgewicht (der Abdampf wird wohl stets gesättigt sein), während z_2 Sekunden lang keine Dampfzufuhr stattfindet, und ist G_2 kg die kontinuierliche sekundliche Entnahme aus dem Speicher, so ist im Beharrungszustande

$$G_1 z_1 = G_2 (z_1 + z_2),$$

woraus G_2 ermittelt werden kann.

Mit einem Mittelwert der Verdampfungswärme r_m und einer Zunahme der Flüssigkeitswärme $i_2' - i_1'$, die gleich $t_2 - t_1$ gesetzt werden kann, ist am Ende der Zeit z

$$r_m(G_1 - G_2)z = W(i_2' - i_1') = W(t_2 - t_1),$$

woraus bei gegebenem Wasserinhalt W die Zunahme $(t_2 - t_1)$ und daraus die Druckzunahme bestimmt, oder bei einem dem zugelassenen Druckunterschied entsprechenden Wert von $(t_2 - t_1)$ der Wasserinhalt des Speichers ermittelt werden kann. Bei einem Druckunterschied von 0,2 at ist nach Angaben von Balcke der Temperaturunterschied praktisch 4^0.

Je größer der Druckunterschied, um so größer ist die Speicherfähigkeit, dem sind aber bei Abdampfspeichern praktische Grenzen gesetzt, da der Gegendruck der Kolben-

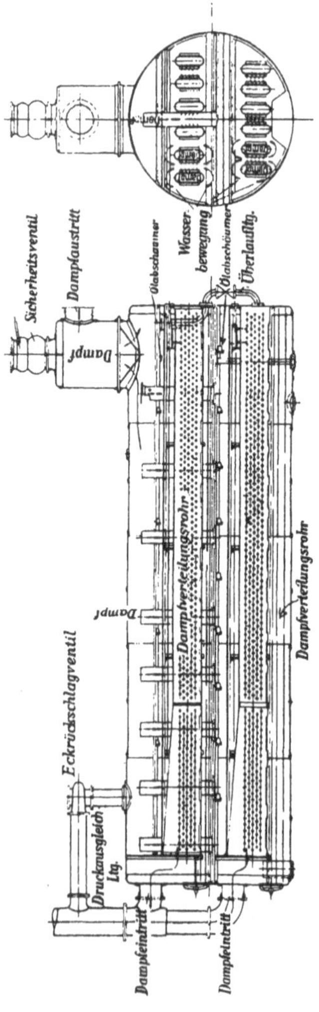

Abb. 70. Wärmespeicher nach Rateau der Maschinenbau-A.-G. Balcke

maschinen nicht wesentlich erhöht werden darf und auch die Turbine bei zu großen Druckunterschieden ungünstig arbeiten würde, weil der Enddruck des Hochdruckteiles der Zweidruckturbinen nicht den verschiedenen Speicherdrücken angepaßt werden kann.

Der Wärmespeicher nach Rateau besteht aus einem Kessel, Abbildung 70 (Ausführung von Balcke), der durch eine waagerechte Scheidewand in einen unteren und einen oberen Raum geteilt ist, von denen jeder einen Dampf- und einen Wasserraum besitzt. Der Abdampf tritt (in der Abbildung links) in eine Anzahl ovaler, in den Wasserraum eingebauter Rohre ein, die an den Stirnwänden befestigt sind und mit einer sehr großen Anzahl kleiner Öffnungen versehen sind, durch welche der Dampf in das Wasser tritt, sich mit demselben gut vermischt und eine Zirkulation des Wassers hervorruft. Der Mindestdruck des Abdampfes beträgt je nach der Wassertiefe etwa 0,05 bis 0,1 at Überdruck. Die gleiche Höhe des Wasserstandes bewirkt im unteren Teil ein Schwimmventil, im oberen ein oder mehrere Überlaufrohre. Der Dampf tritt oben durch einen Dom aus dem Speicher aus; dort befindet sich auch ein Sicherheitsventil.

Bei einer stehenden Bauart derselben Firma ist im Innern eine große Anzahl flacher wassergefüllter Gefäße eingesetzt, die vom Dampf umspült werden und eine große Oberfläche bieten; diese Ausführung ist aber teurer und nur für kleinere Dampfmengen geeignet.

Der Ruths-Speicher ist im Prinzip dem Rateau-Speicher ähnlich, hat aber seine Bedeutung nicht als Abdampfspeicher, sondern als Energiespeicher für schwankende Belastung bzw. bei plötzlichem starken Dampfbedarf. Der Dampf aus dem Ruths-Speicher kann in besonderen Speicherturbinen verwertet werden.

2. Glockenspeicher sind ähnlich den Gasbehältern gebaut und speichern den Dampf in der ursprünglichen Form, ohne Kondensieren und Verdampfung; der überschüssige Dampf schafft sich durch Heben der Glocke Raum, so daß eine Druckänderung nicht eintritt. Abb. 71 zeigt einen solchen Speicher, System Balcke-Harlé. Die der Luft ausgesetzten Flächen sind durch Schutzmasse bzw. Schutzwände isoliert. Steigt die Dampfzufuhr über das Fassungsvermögen des Speichers, so öffnen sich in der höchsten Stellung Sicherheitsventile oder es kann der Dampf durch ein alsdann aus dem Wasser in den Dampfraum tretendes Auslaßrohr entweichen. Versagt hingegen bei ungenügender Abdampfmenge das Regelventil an der Dampfturbine, so wird zum weiteren Schutz gegen das Leersaugen zunächst ein Frischdampfeinlaßventil und, falls der Frischdampf nicht

genügt, noch ein Lufteinlaßventil geöffnet, das die Glocke mit der Außenluft verbindet; dieses Luftventil öffnet auch bei geringstem Unterdruck selbsttätig. Das Abdampfventil an der Turbine wird durch die Glockenbewegung mittels

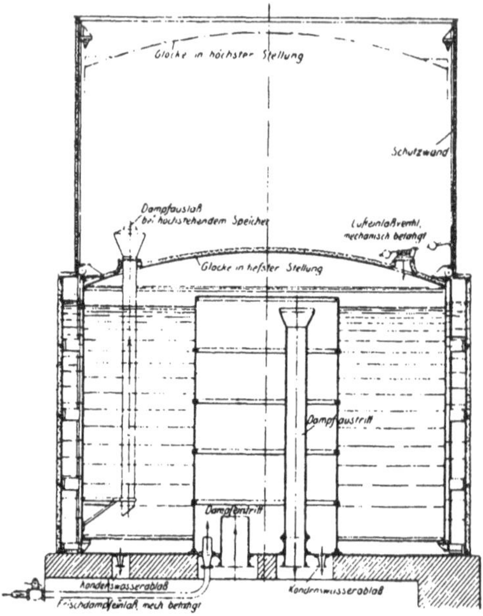

Abb. 71. Glockenspeicher

Drucköl gesteuert, durch einen von der Glocke betätigten Ölschieber.

Der Vorteil des Glockenspeichers liegt im praktisch konstanten Druck; das Fassungsvermögen läßt sich genau berechnen, doch werden diese Speicher für große zu speichernde Abdampfmengen sehr groß.

3. Raumspeicher mit unveränderlichem Rauminhalt speichern den Dampf unter Drucksteigerung. Die Größe ist

so zu bemessen, daß der Druckunterschied 0,2 at nicht übersteigt. Die Verdichtung beim Eintritt in den Speicher kann als adiabatische angenommen werden (s. Teil I, S. 16) mit dem Exponenten $k = 1{,}135$ für trockenen Dampf, so daß für eine Periode der Füllung:

$$p_1 v_1^k = p_2 v_2^k ,$$

oder, wenn G_1 und G_2 die Dampfgewichte am Anfang und am Ende der Dampfzufuhr und V der Rauminhalt des Speichers, v_1 und v_2 die spez. Volumina:

$$G_2 : G_1 = V/v_2 : V/v_1$$
$$= v_1 : v_2 = (p_2 : p_1)^{1/k}$$

oder

$$(G_2 - G_1) : G_1$$
$$= (p_2 : p_1)^{1/k} - 1$$

und angenähert

$$(G_2 - G_1) : G_1$$
$$= (p_2 - p_1) : kp,$$

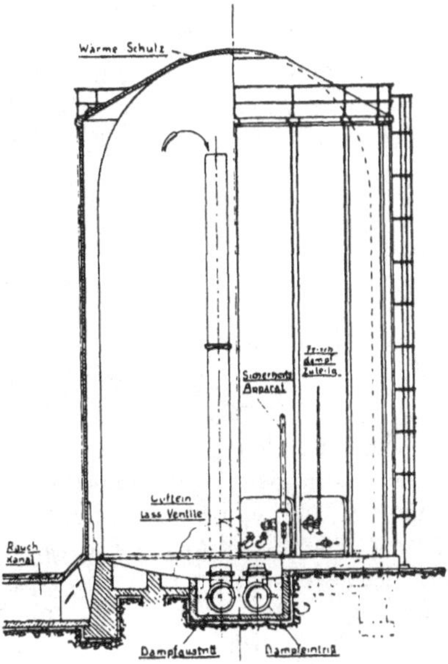

Abb. 72. Raumspeicher

woraus für eine zugelassene Druckdifferenz und eine in einer Periode eintretende Dampfmenge $(G_2 - G_1)$ das Speichervolumen $V = Gv$ mit einem mittleren Wert von v ermittelt werden kann.

Einen Raumspeicher Bauart Estner-Ladewig zeigt Abb. 72. Der Dampf wird unten zugeführt und oben trocken entnommen; gegen Über- bzw. Unterdruck wird der Speicher durch Sicherheits- bzw. Lufteinlaßventile und durch selbsttätige Dampfzusatzventile geschützt.

Als Wärmeschutz dient eine Luftschicht und Mauerwerk. Meist wird der Speicher in den Fuchs der Kesselanlage derart eingebaut, daß die Rauchgase den Speicher beheizen, wodurch der Dampf trocken oder etwas überhitzt und die Wirtschaftlichkeit erhöht wird.

Der Durchmesser des Speichers beträgt 8 bis 14 m, bei 7 bis 9 mm Wandstärke, die Höhe bis 22 m. Der mittlere Druck im Speicher ist etwa 1,1 at abs.

Vierter Abschnitt

Die Kondensationsanlagen der Dampfturbinen

1. Der Nutzen der Kondensation

Dieser ist ohne weiteres aus dem Vergleich der verfügbaren Wärmegefälle im *is*-Diagramm für atmosphärischen Enddruck und für Unterdruck ersichtlich, da z. B. für 12 at Überdr., 300° C und $p_0 = 1{,}1$ ata $h_t = 122$ kcal/kg, dagegen bei gleichem Anfangszustand und $p_0 = 0{,}1$, also 90% Vakuum, $h_t = 198$ kcal/kg. Auch Abb. 59 zeigt deutlich den Gewinn durch Kondensation. Während bei Kolbendampfmaschinen eine Steigerung des Vakuums über 85% keinen wirtschaftlichen Vorteil bringt, läßt sich bei Dampfturbinen hohes Vakuum (97%) gut ausnutzen. Für 1% Vakuumerhöhung kann eine Dampfverbrauchsersparnis von 1,5% angenommen werden.

Man unterscheidet zwei Arten der Kondensation: die Misch- oder Einspritzkondensation und die Oberflächenkondensation.

II. Die Misch-(Einspritz-)Kondensation

bei der das Niederschlagen des Dampfes durch Mischen desselben mit dem Kühlwasser erfolgt, kann als Parallel-(Gleich-)strom- oder Gegenstromkondensation ausgeführt werden. Erstere ist in der Ausführung einfacher, hat jedoch größeren Kühlwasserbedarf und erfordert größere Luftpumpenarbeit. Für Dampfturbinen werden Mischkondensationsanlagen nicht mehr angewendet und sollen deshalb nicht behandelt werden.

III. Die Oberflächenkondensation

Oberflächenkondensation wird wegen des Vorteils, das vollständig ölfreie Kondensat der Dampfturbinen zur Kesselspeisung benutzen zu können, und wegen des erzielbaren hohen Vakuums für Dampfturbinen stets angewendet, und zwar im Gegenstrom oder Querstrom, so daß das Kühlwasser am Dampfeintritt in den Kondensator austritt (also oben, damit sich kein Luftsack bilden kann), die Luft hingegen an der kältesten Stelle, also nahe dem Kühlwassereintritt, abgesaugt wird.

1. Der Kühlwasserbedarf ist größer als bei Mischkondensation, da kein so inniger Wärmeaustausch stattfindet; er beträgt etwa das 50- bis 70fache der Dampfmenge, somit ist das Kühlwasserverhältnis $m = 50$ bis 70.

Bezeichnet F die Kühlfläche in m^2, Q die durch dieselbe stündlich hindurchgehende Wärmemenge in kcal/h, k den Wärmedurchgangskoeffizienten in kcal in der Stunde für 1 m^2 und 1^0 Temperaturdifferenz, G_{st}, t_e, t_a, t_d und i die Dampfmenge/h, Ein-, Austritt und Dampftemperatur und Enthalpie, so ist

(7) $$G_{st}(i - t_d) = W(t_a - t_e) = Q \text{ kcal/h},$$

t_a ist kleiner als bei Mischkondensation.

Da die Wärmemenge Q durch die Fläche F hindurchgeht, so ist

(8) $$Q = (t_d - t_a) k F \text{ kcal/h},$$

woraus die Temperaturdifferenz zwischen Dampf- und Kühlwasser

(9) $$\Delta t = (t_d - t_a) = W : kF = G_{st}(i - t_d) : kF.$$

Die Kühlfläche F wird meist in einem bestimmten Verhältnis zur Dampfmenge angenommen; das Verhältnis $G_{st} : F$ kg/m² ist die Kühlflächenbeanspruchung, welche für Dampfturbinen meist 25 bis 35 beträgt.

Für Messingrohre kann $k = 2500$ gesetzt werden, bei günstiger Rohranordnung werden aber höhere Werte, bis zu 3300 erreicht; bei Verschmutzung der Röhre kann der Wert ganz beträchtlich sinken, bis auf $^1/_5$ derselben.

Zur Vereinfachung wird durchweg $i - t_d = 580$ kcal/kg angenommen, so daß

(9a) $$\Delta t = 580\, G_{st} : kF.$$

Diese Temperaturdifferenz bleibt im allgemeinen im ganzen Kondensator gleich. Die Dampftemperatur am Dampfeintritt ist dann

(10) $$t_d = t_a + \Delta t = t_a + 580\, G_{st} : kF,$$

und der entsprechende Kondensatordruck p_l ist für t_d den Tabellen S. 124 zu entnehmen, da an der Dampfeintrittsstelle $p_l = 0$ angenommen werden kann. Das erreichbare Vakuum kann auch aus Abb. 73 nach praktischen Ergebnissen von Dr. Balcke[1]) für verschiedene Kühlwassertemperaturen und verschiedene Kühlwassermengen entnommen werden; das Vakuum im Abdampfstutzen der Turbine ist 0,5% niedriger, der abs. Druck 0,005 at höher.

---

[1]) „Die Wärme" 1928, Heft 13, S. 313.

2. Die Luftmenge, welche abzusaugen ist, kann nur durch Undichtheiten eintreten. Die Dampftemperatur an der Luftabsaugestelle ist, da am Kühlwassereintritt angeordnet,

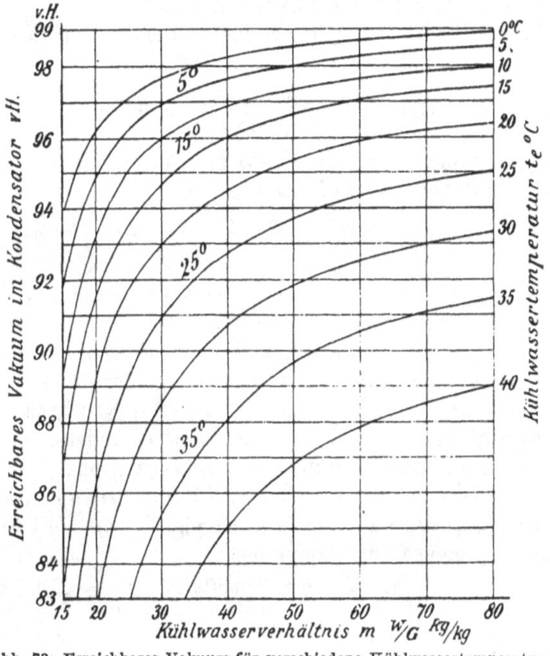

Abb. 73. Erreichbares Vakuum für verschiedene Kühlwassertemperaturen und -mengen

$t_d = t_e + \Delta t$ und dafür kann aus den Tabellen, S. 124, der Dampfdruck p_d an dieser Stelle gefunden werden, so daß die Luftspannung $p_l = p_c - p_d$ ist. Die Lufttemperatur ist nach Weiß[1])

(11) $$t_l = t_e + 4 + 0{,}1(t_a - t_e).$$

[1]) Weiß, Die Kondensation. J. Springer. Berlin.

Die abzusaugende Luftmenge kann praktisch für Dampfturbinen zu

$$V_l = 1{,}1 \text{ bis } 1{,}2 \text{ m}^3/\text{min}$$

für je 1000 kg/h Dampf angenommen werden.

Neuere Versuche ergaben geringere Mengen[1]), man kann mit einem stündlichen Luftgewicht von

$$(12) \qquad G_l = 3 + 4{,}5 \left(\frac{G_{st}}{10000}\right) 0{,}9 \text{ kg/h}$$

rechnen, danach kann die Größe der Luftpumpe bestimmt werden, die bei dem Luftdruck p_l das Volumen

$$V_l = \frac{G_l R T_l}{p_l} = \frac{G_l \cdot 29{,}3 \cdot (t_l + 273)}{10000\, p_l}$$

abzusaugen hat. Man kann auch je 1000 kg Dampf 1 kg Luft annehmen, also 1‰.

Es empfiehlt sich für alle Fälle die Luftpumpe reichlich zu bemessen, da auch Luft vom Entgaser herrühren kann.

Bleibt die Kühlwassermenge bei Belastungsänderungen gleich, so wird sich das Vakuum ändern, da die niederzuschlagende Dampfmenge verschieden groß ist. Abbildung 73 zeigt auch für verschiedene Kühlwassertemperaturen die Änderung des Vakuums in Abhängigkeit vom Verhältnis Kühlwassermenge zur Dampfmenge.

Beispiel. Es sei für eine Dampfturbine $G_{st} = 20000$ kg/h $t_e = 20°$; die entsprechende Kondensatorspannung ist dann nach Abb. 74, $p_0 = 0{,}05$ ata, dem am Eintritt in den Kondensator eine Dampftemperatur $t_d = 32{,}5$ entspricht. 60fache Kühlwassermenge angenommen, ist

$$W = 60 \cdot 20000 = 1200000 \text{ kg} = 1200 \text{ m}^3/\text{h},$$

und mit einer Kühlflächenbeanspruchung $G_{st} : F = 33{,}3$ ist die Kühlfläche $F = 20000 : 33{,}3 = 600$ m². Damit ist die Kühlwassererwärmung nach Gl. (7)

$$t_a - t_e = 580 \cdot 20000 : 1200000 = 9{,}84 \text{ C}$$

[1]) K. Hoefer, Die Kondensation bei Dampfkraftmaschinen. J. Springer, Berlin 1925.

und die Temperaturdifferenz nach Gl. (9a)

$$\Delta t = 580 \cdot 20000 : 2500 \cdot 600 = 7{,}74^0\ C.$$

An der Luftabsaugestelle ist die Lufttemperatur

$$t_l = t_e + \Delta t = 20 + 7{,}74 = 27{,}74\ C$$

und demnach dort ein Dampfdruck $p_d = 0{,}0380$ (aus Tabelle

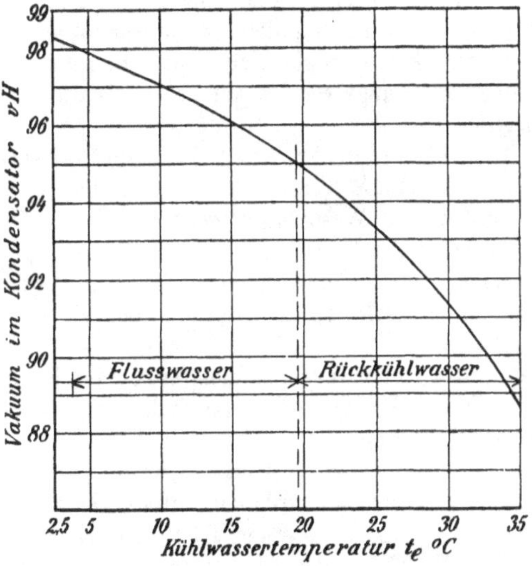

Abb. 74. Erreichtes Vakuum für verschiedene Kühlwassertemperaturen bei m = 60

S. 124), so daß der Luftdruck

$$p_l = 0{,}06 - 0{,}038 = 0{,}022 \text{ ata beträgt.}$$

Mit $V_l = 1{,}1$ m³/min/1000/kg/h (s. S. 104) ist

$$V = 1{,}1 \cdot 20 \cdot 60 = 1320\ m^3/h$$

oder mit Gl. (11)

$$G_l = 3 + 4{,}5 \cdot 2 \cdot 0{,}9 = 3 + 8{,}47 = 11{,}47\ kg/h$$

und

$$V_l = 11{,}47 \cdot 29{,}3 \cdot (273 + 27{,}74) : 220 = 455\ m^3/h.$$

3. Ausführung der Oberflächenkondensatoren. Um günstigste Wirkung, d. h. möglichst hohes Vakuum zu erreichen, muß neben genügender Bemessung der Kondensationsanlage für dauernd gute Wärmeleitung gesorgt werden. Diese wird durch hohe Strömungsgeschwindigkeit von Wasser und Dampf begünstigt, doch wird dadurch der Kraftbedarf der Pumpen und der Druck im Abdampfstutzen höher. Ferner muß das Kondensat schnell abgeführt werden und soll nicht auf die unteren Rohre tropfen; auch muß die Luft möglichst vollkommen abgesaugt werden, da sie den Wärmeübergang behindert.

Der Kondensatorkörper ist ein schmiedeeiserner, zylindrischer Kessel (Abb. 81—83), an den die Rohrböden und die gußeiserne Wasserkammer, sowie der Deckel angeschraubt sind; die Dichtung der Flanschen erfolgt durch Gummiringe. Der Kondensator ruht auf Füßen, die der Ausdehnung des Kessels durch Lagerung auf Rollen folgen können.

In den Rohrböden aus Schmiedeeisen oder bei saurem oder salzhaltigem Wasser aus Muntzmetall werden die wasserdurchströmten Kühlrohre befestigt, s. u. Auf dem Kondensator sitzt der Abdampfstutzen, meist mit seitlichem Stutzen für Sicherheitsauspuff; der Luftstutzen sitzt an der Seite des Kühlwassereintrittes. Die den Dampfraum einschließenden Rohrböden werden gegen den Wasserdruck durch Anker versteift, wie sie Abb. 75 zeigt.

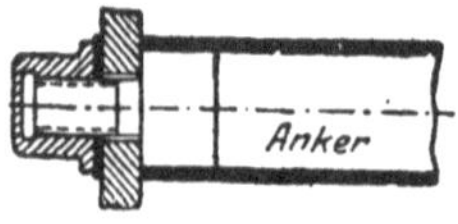

Abb. 75. Versteifungsanker

Die Deckel sind mit Putzöffnungen versehen und können zwecks Reinigung der Kühlrohre durch Abhebevorrichtungen abgenommen werden. An einer Seite des Kondensators ist ein Wasserstandsglas angebracht. Das Kondensat läuft unten in einen Kondensatsammler und von dort der Pumpe zu.

Die Kühlrohre sind nahtlose Messingrohre, aus 63% Kupfer und 37% Zink oder meist 70% Cu, 30% Zn oder 70% Cu, 29% Zu, 1% Sn; für saures oder salzhaltiges Wasser werden sie verzinnt. Zur Vermeidung von Anfressungen durch elektrolytische Einflüsse oder vagabundierende Ströme werden neuerdings besondere Vorkehrungen getroffen[1]). Bei

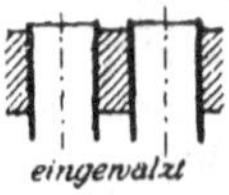

Abb. 76

Abb. 77

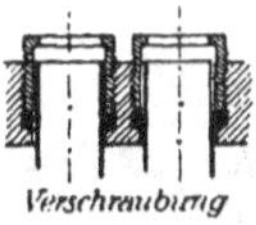

Abb. 78

Abb. 79

Schiffskondensatoren hat man Cu-Ni-Legierungen mit 20% Ni verwendet.

Der Durchmesser der Kühlrohre beträgt je nach Größe der Anlage und der Beschaffenheit des Kühlwassers 20 bis 30 mm, selten mehr; die Wandstärke meist 0,8 bis 1,25 mm. Die Kühlwassergeschwindigkeit soll etwa 1,5 bis 2,5 m/s betragen. Zur Unterstützung der Rohre bei größerer Länge werden Zwischenböden eingebaut. Die Rohre werden an den Enden in die Böden eingewalzt (Abb. 76) oder eingesteckt und durch Gummiringe, die der Wasserdruck fest hineindrückt, gedichtet, wie Abb. 77 der Pohlitz-Dichtung zeigt; häufiger werden sie durch Verschraubungen (Abb. 78) befestigt und gedichtet und zugleich gegen das Herausfallen infolge von Erschütterungen durch innere Ansätze an den

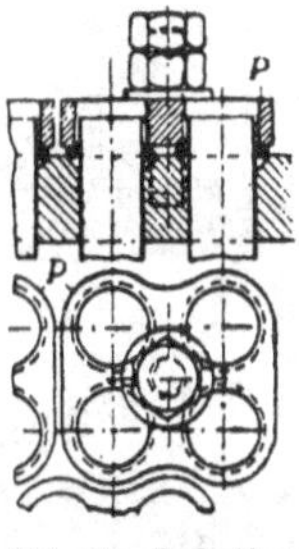

Abb. 80. Befestigung der Kühlrohre

[1]) Siehe O. Lasche, Konstruktion und Material im Bau von Dampfturbinen. J. Springer, 1921. — Untersuchung von Kondensatorrohren, „Elektrizitätswirtschaft" 1926 Nr. 4, „Archiv f. Wärmewirtschaft" 1925, S. 127. „Die Wärme" 1926, S. 879. K. Höfer, s. Fußnote S. 104.

Verschraubungen gesichert. Andere Dichtungsarten sind die nach Abb. 79 durch Gummiringe und besondere Druckplatten P und nach Abb. 80 durch Gummiplatten, die beim Überstreifen über die Rohre dieselben ringförmig umfassen.

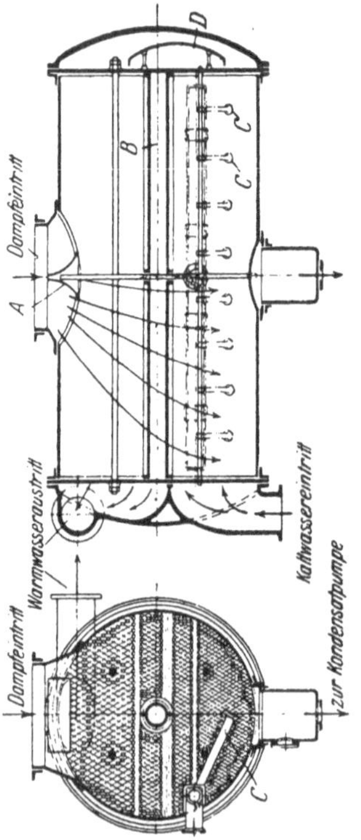

Abb. 81. Querstrom-Kondensator von Balcke

Wie erwähnt, ist die Anordnung der Kühlrohre wichtig, der Dampf muß beim Eintritt in den Kondensator reichliche Querschnitte vorfinden, deshalb werden oben weniger Rohre, größere Teilung oder nach unten keilförmig verlaufende Räume ausgeführt. Die Rohre sollen so versetzt sein, daß das abtropfende Kondensat nicht auf die unteren Rohre trifft. Die neuen Kondensatoren berücksichtigen diese Gesichtspunkte.

Abb. 81 zeigt einen geschlossenen Querstrom-Oberflächenkondensator von Balcke & Co.

In die durch ein gußeisernes Rohr B und 4 Anker gegeneinander versteiften Rohrböden sind die Messingrohre eingewalzt bzw. durch Stopfbüchsen mit Gummipackung abgedichtet. Ablenker A zwecks Querführung des Dampfes, Kühlrohrteilung oben groß, nach unten abnehmend, Kühlwasserführung durch Führungsblech D, zweifacher

Wasserweg, daher geringer Widerstand. Luftabsaugung in Nähe des tiefsten Punktes im kältesten Teil durch Absaugerohre *C*.

Der OV-Kondensator von Brown, Boveri & Cie. (Abb. 82), hat V-förmigen Raum zwischen den symmetrisch angeordneten Rohren, wodurch großer Querschnitt und Querströmung (kurzer Dampfweg) erreicht wird. Scheidewand *S* in der Wasserkammer ermöglicht Ausschalten und Reinigen jeder Kondensatorhälfte im Betriebe; schwenkbare

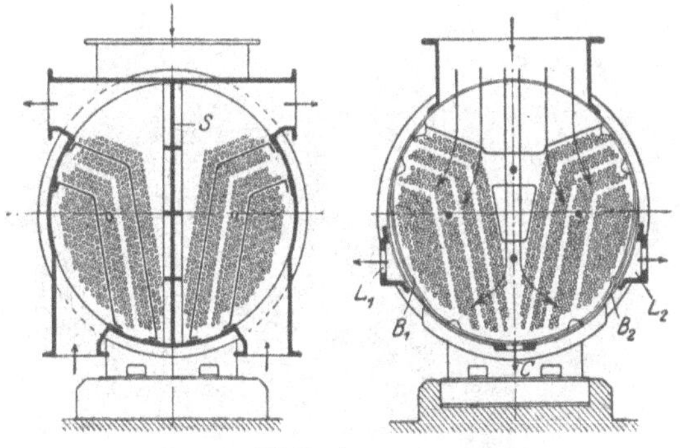

Abb. 82. OV-Kondensator von BBC

Deckel. Luftabsaugung bei L_1, L_2, gleichmäßig über ganze Länge durch gelochte Bleche B_1, B_2.

Gute Reinigung im Betriebe wird auch durch Spülung (erhöhte Wassergeschwindigkeit) nach Hülsmeyer erzielt, entweder durch Erhöhung der Pumpendrehzahl oder meist durch zeitweises Ausschalten eines Teiles der Kühlrohre und Durchfluß der ganzen Wassermenge durch die übrigen. Dazu sind Kühlwasserzu- und -abfluß unterteilt und die Wasserkammern mit Trennwänden versehen. Durch entsprechende Schaltung der Absperrorgane werden Teile des Rohrsystems stillgesetzt und die übrigen mit $1^3/_4$ bis 2facher Geschwindigkeit durchströmt.

Eine erhebliche Erhöhung des Wärmedurchganges läßt sich durch ineinandergesteckte Messingrohre — der

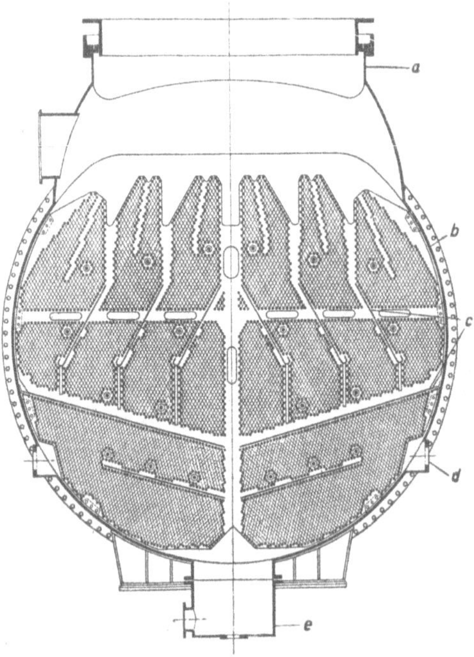

Abb. 83. Querschnitt durch einen Oberflächenkondensator mit 5000 m² Kühlfläche (AEG)

a = Dampfeintrittstutzen c = Leitbleche
b = Kondensatormantel d = Luftsaugestutzen
e = Kondensatsammeltopf

Dampf strömt durch die inneren und umspült die äußeren Rohre, während das Kühlwasser im Gegenstrom den ringförmigen Zwischenraum der Rohre durchfließt — erreichen, doch ist diese Anordnung nur für kleinere Leistungen anwendbar.

Den Querschnitt durch einen Oberflächenkondensator mit 5000 m² Kühlfläche der AEG mit zweckmäßiger Führung des Dampfstromes nach den oben erwähnten Gesichtspunkten zeigt Abb. 83. Die wärmebewegliche Verbindung mit dem Abdampfstutzen der Turbine erfolgt mittels Teleskop-Stopfbüchse mit Wassertasse zum luftdichten Abschluß.

4. Die Kondensationspumpen

a) Die Luftpumpen sind jetzt wohl ausschließlich Strahlapparate oder seltener Wasserringpumpen. Die früher viel angewendeten Westinghaus-Leblanc-Pumpen und die Schleuderluftpumpen, die mit Wasser als Hilfsmittel beaufschlagt wurden, werden kaum noch angewendet.

α) Die Wasserringluftpumpe der Siemens-Schuckert-Werke zeigt Abb. 84; die Welle mit dem Laufrade ist im

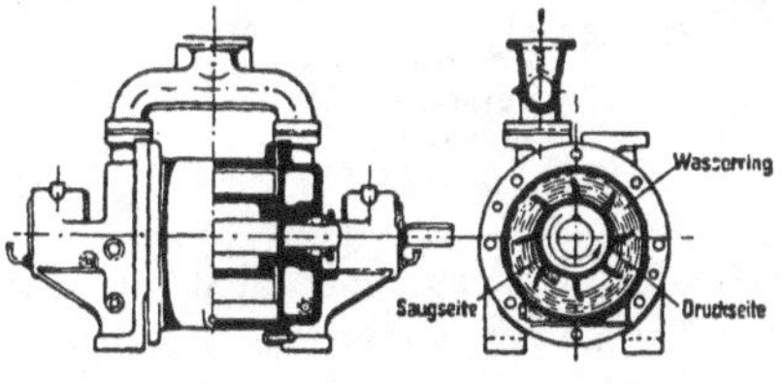

Abb. 84. Rotierende Luftpumpe der Siemens-Schuckert-Werke

Gehäuse exzentrisch gelagert, so daß die Schaufelenden oben ganz dicht am Gehäuse vorbeilaufen. An den Seiten des Gehäuses befinden sich die Luft-Ein- und -Austrittsöffnungen, die zu den Ein- und Austrittsstutzen führen. Im Betriebe kreist der angedeutete Wasserring und füllt die oberen Räume ganz aus, während unten nur die äußersten Schaufelenden eintauchen; die beiderseitig axial eintretende Luft wird in die Räume zwischen den Schaufeln eingeschlossen, auf der Druckseite verdichtet und ausgestoßen. Das mitgerissene Wasser wird ersetzt und dadurch zu starke Erwärmung und Verringerung des Vakuums vermieden.

β) Dampf- und Wasserstrahl-Pumpen[1]) werden neuerdings viel angewendet, da sie einfach und betriebssicher sind. Der Dampf- oder Wasserdruck wird in einer Düse in Geschwindigkeit umgesetzt, der Strahl saugt aus dem Luftraum die dort aus dem Kondensator eintretende Luft und verdichtet sie in einem Diffusor auf etwas höheren Druck als die Atmosphäre.

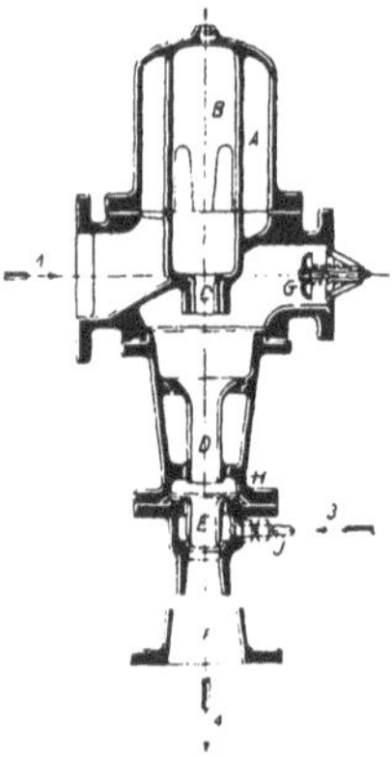

Abb. 85
Schnitt durch einen BBC-Wasserstrahl-Luftsauger

A Wasservorkammer; *B* Wasserkammer; *C* Beaufschlagungsdüse; *D* Erste Auffangdüse; *E* Zweite Auffangdüse; *F* Diffusor; *G* Rückschlagventil; *H* Ringraum; *J* Entlüftungsleitung des Hebers der Kühlwasserleitung

1: Druckwassereintritt; 2: Lufteintritt aus dem Kondensator; 3: Lufteintritt aus dem Heber der Kühlwasserleitung; 4: Austritt des Wasser- und Luftgemisches

Bei Wasserstrahl-Luftpumpen dient als Arbeitsmittel Druckwasser, das aus der Kühlwasserdruckleitung entnommen oder aber durch eine besondere Pumpe gefördert werden kann. Ein solcher Apparat besteht in der Hauptsache aus der Strahldüse *C* und dem Diffusor *F* (Abb. 85, BBC).

Das Druckwasser tritt bei 1 in *A* ein, gelangt durch das Sieb oder Fenster in die Wasserkammer *B* und zur Düse *C*, welche den Strahl bildet, der die aus dem Kondensator unter Überwindung des Rückschlagventils *G* kommende Luft mit sich reißt und in der

[1]) Flügel, G., Die Berechnung von Strahlapparaten; VDI-Forschungsheft 395 (1955); Wiegand, J., Bemessung von Dampfstrahlverdichtern, VDI-Forschungsheft 401.

Auffangdüse D verdichtet. Diese Düse endigt in dem Ringraum H, aus welchem das Wasser-Luftgemisch durch eine zweite Auffangdüse E in den Diffusor F gelangt, wo es mit Atmosphärendruck ausfließt. Die Unterteilung der Auffangdüse in zwei durch den Ringraum H unterbrochene Düsen D und E hat sich als sehr vorteilhaft erwiesen. Dadurch kann eine größere Druckhöhe überwunden werden und das Gemisch frei austreten, also nicht unter Wasser, wie sonst erforderlich. Der Rohranschluß J ermöglicht es, den Heber der Kondensator-Kühlwasserleitung ebenfalls durch den Wasserstrahlsauger zu entlüften. Das Rückschlagventil G schließt beim Ausbleiben des Druckwassers und erhält das Vakuum aufrecht. Der Wasserverbrauch beträgt etwa 10 /₀ der Kühlwassermenge.

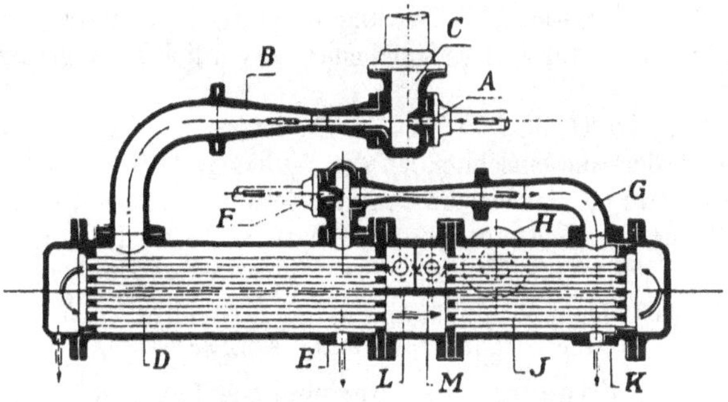

Abb. 86. Dampfstrahl-Luftpumpe mit Zwischenkondensator

Die Dampfstrahl-Luftpumpen haben grundsätzlich dieselbe Wirkungsweise, die Expansion findet in einer Lavaldüse statt. Bei nur einer Expansionsstufe werden höchstens 85% bis 90% Vakuum erreicht, bei höherem Vakuum ist mehrstufige Bauart erforderlich, wobei zweckmäßig ein Zwischenkondensator den mitgeführten Dampf niederschlägt, die Kondensationswärme des Treibdampfes kann wirtschaftlich ausgenutzt werden.

Eine solche zweistufige Dampfstrahl-Luftpumpe zeigt Abb. 86 nach Josse in der Ausführung von Balcke (Maschinenbau A.-G.).

Der Wirkungsgrad der Dampfstrahl-Luftpumpe ist gering; bei 10 atü Treibdampfdruck und zweistufiger Ausführung ist der Dampfverbrauch 5 bis 10 kg je kg Luft, höhere Drücke bringen keine Vorteile.

b) Die Kühlwasserpumpen sind meist einstufige Kreiselpumpen mit doppelseitigem Einlauf, die das erforderliche Kühlwasser durch den Kondensator treiben; bei Frischwasser sind nur geringe Höhen und die Rohr- und Kondensatorwiderstände zu überwinden, bei rückgekühltem Wasser kommt noch die Höhe des Kühlturms hinzu. Wo angängig, führt man Zu- und Abflußleitung im Kraftschluß aus (Heberwirkung), wodurch der Kraftbedarf wesentlich herabgesetzt wird.

Der Kraftbedarf ist $N_e = WH : 3600\,\eta\; 75$ PS_e, wenn H die Förderhöhe einschließlich der Widerstände (im Kondensator etwa 0,5 bis 1 m, in den Rohrleitungen je nach Länge und Lage der Verteilrinne des Kühlturms [8 bis 15 m]) und $\eta = 0{,}65$ bis 0,80. Häufig sitzt im Gehäuse der Kühlwasserpumpe noch eine zusätzliche Pumpe zur Erhöhung des Wasserdruckes für die Strahlluftpumpe (s. Abb. 88).

c) Die Kondensatpumpen sind ebenfalls meist mehrstufige Kreiselpumpen, denen das Kondensat aus dem unten am Kondensator befindlichen Sammler zulaufen muß und die es in den Speisewasserbehälter befördern. Der Kraftbedarf ist bei freiem Auslauf $N_e = 2G_{st} \cdot 10\,(1 - p_c) : 3600\,\eta\; 75$ PS_e mit $\eta = 0{,}65$ bis 0,80; die Kondensatpumpen werden für die doppelte Menge bemessen, damit bei Undichtheiten oder defekten Rohren der Kondensator nicht gleich versaufen kann.

d) Der Antrieb der Kondensationspumpen erfolgt durch Elektromotor oder häufig durch Kleinturbine, deren Auspuffdampf in eine Zwischenstufe der Hauptturbine geführt werden kann oder in dem Vorwärmer ausgenutzt wird. Häufig wird die Pumpenanlage durch Turbine und Elektromotor angetrieben, je durch ausrückbare Kupplung mit der Pumpenwelle (Abb. 89). Die Pumpen werden alle miteinander gekuppelt oder die Kondensatpumpe für sich durch Elektromotor angetrieben. Der Antrieb durch Dampfturbine hat den Vorteil, daß die Kondensation vor Inbetriebnahme der Hauptturbine angelassen werden kann, unabhängig vom Vorhandensein einer Stromquelle.

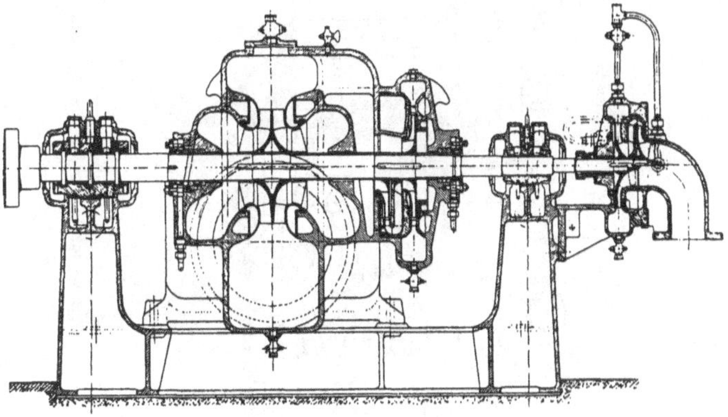

Abb. 87. Kondensationspumpen

Abb. 87 zeigt eine Pumpengruppe mit Kühlwasserpumpe und angebauter Pumpe für das Druckwasser der Strahlpumpe und rechts mit Kondensatpumpe (im oberen Teil als zwei-, im unteren als einstufige Pumpe dargestellt).

e) Die Gesamtanordnung einer Dampfturbinenanlage mit Kondensation zeigen die Abb. 88 und 89.

Der direkt unter der Turbine liegende Kondensator ist mit ersterer durch ein Dehnungsstück verbunden. Zuweilen wird Ausgleich durch Degenrohrverbindung mit Wasserstopfbüchse angewendet. Vor dem Kondensator ist der strichpunktierte, angedeutete Raum zum Herausziehen und zum Reinigen der Kühlrohre freigelassen. Luftabsaugung durch Dampfstrahlpumpe mit Zwischen-

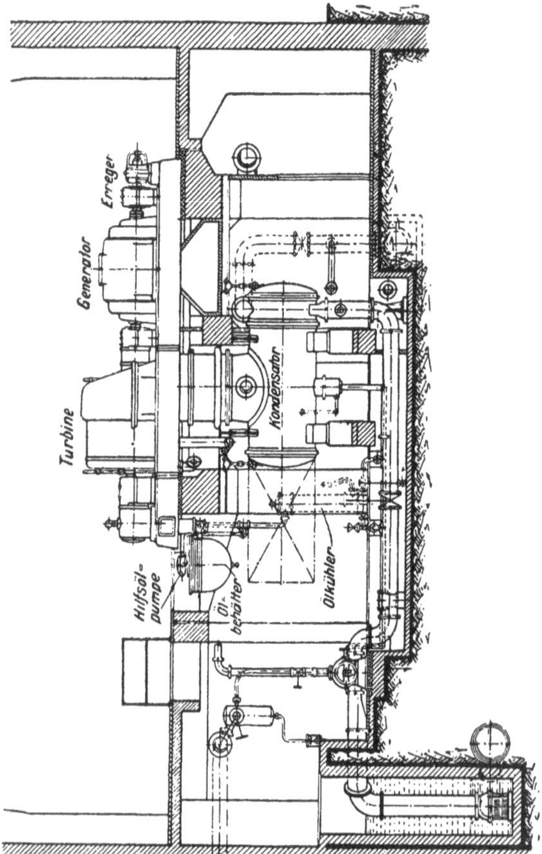

Abb. 88. Gesamtanordnung einer Turbine mit Generator und Kondensationsanlage

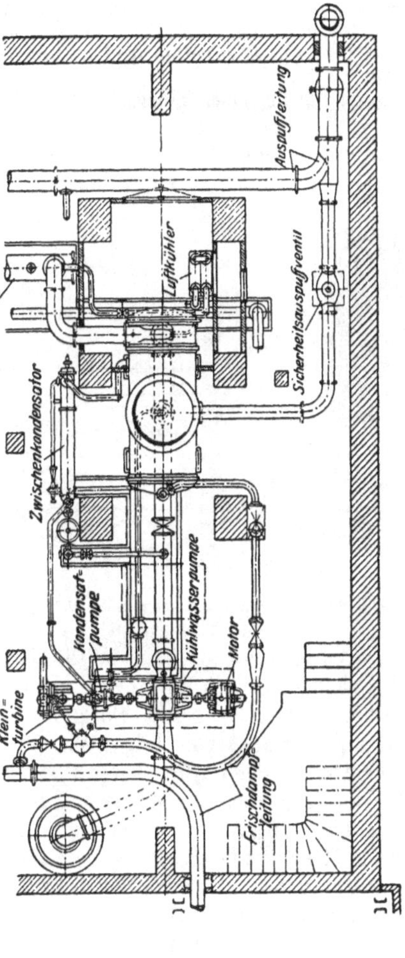

Abb. 89. Grundriß zu Abb. 88

kondensator; Antrieb der Kühlwasser- und der Kondensatpumpe wechselweise durch Elektromotor und Kleinturbine, Abdampf derselben in die Auspuffleitung. Sicherheitsauspuffventil öffnet bei Überschreitung des atm. Druckes im Abdampfstutzen beim Versagen der Kondensation.

Die Gesamtanordnung einer Ljungström-Turbine s. Abb. 42, S. 58.

Falls die Kondensation mit Frischwasser betrieben werden kann, läßt man die Pumpen im Kraftschluß (Heberwirkung)

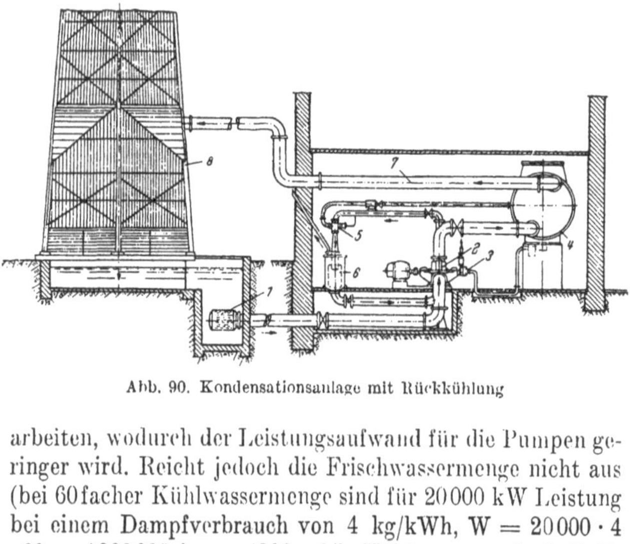

Abb. 90. Kondensationsanlage mit Rückkühlung

arbeiten, wodurch der Leistungsaufwand für die Pumpen geringer wird. Reicht jedoch die Frischwassermenge nicht aus (bei 60facher Kühlwassermenge sind für 20000 kW Leistung bei einem Dampfverbrauch von 4 kg/kWh, $W = 20000 \cdot 4 \cdot 60 = 4800000$ kg $= 4800$ m³/h Kühlwasser erforderlich), so muß Rückkühlung angewendet werden. Dazu muß das Kühlwasser aus dem Kondensator auf einen Kühlturm gefördert werden. Meist werden geschlossene Kaminkühler aus Holz, seltener aus Beton, mit natürlichem Zug oder zusätzlichem Ventilator angewendet. Das warme Kühlwasser wird auf eine Höhe von 6 bis 8 m gefördert, dort auf Lattenrosten verteilt, rieselt über diese nach unten und wird durch die seitlich unten eintretende Luft gekühlt. Abb. 90 zeigt eine Kondensationsanlage mit Kaminkühler 8, dem das bei 1 eintretende Kühlwasser mittels der Pumpe 2 durch den Kondensator 4 und die Leitung 7 zugeführt wird. 5 ist die Wasserstrahl-Luftpumpe.

Siehe Geibel, Über Wasserrückkühlung mit selbstventilierenden Turmkühlern. VDI-Forschungsheft 242.

Auch Luftkondensatoren werden angewendet; der Arbeitsdampf der Turbine strömt durch Rippenrohre, die durch große Schraubenventilatoren angeblasen werden. Die Wärmedurchgangszahl ist gut, der Leistungsbedarf etwa dem der Pumpen mit Rückkühlung gleich. Erreichbares Vakuum abhängig von der Lufttemperatur, im Jahresdurchschnitt besser als bei Kühlturmbetrieb. Die Anlagekosten sind bei beiden Anlagen gleich, die Betriebskosten bei Luftkondensatoren geringer.

Fünfter Abschnitt

Anwendungsgebiete der Dampfturbinen Entwicklungslinien

I. Anwendungsgebiete

Das ursprüngliche Gebiet, das die Anwendung von Dampfturbinen in Aufnahme brachte, war die Stromerzeugung. Die Entwicklung des Baues von elektrischen Maschinen, besonders die wachsende Einführung des Wechselstromes mit hoher Umlaufzahl, zwecks Verringerung der Gewichte und Fortfall des schweren Schwungrades, bedingte auch die Entwicklung einer Maschine, die sich dieser Forderung anpaßte — der Dampfturbine, wie auch umgekehrt, die Entwicklung der letzteren den Bau schnellaufender Generatoren beeinflußte und erst den Bau der großen Einheiten möglich machte.

Als Großkraftmaschine beherrscht die Dampfturbine allein das Feld. Aber auch bis zu den kleinsten Leistungen von Bruchteilen einer PS werden Dampfturbinen ausgeführt.

Bei der üblichen Periodenzahl von 50 Hertz (in den USA und Japan 60 Hertz) ist die Umlaufzahl für zweipolige Maschinen 3000 in der Minute (bzw. 3600 U/min) die Normdrehzahl.

Da der Abdampf der Turbinen zur Vorwärmung des Kesselspeisewassers, zur Heizung u. a. m. verwendet werden kann, sind auch kleine Leistungseinheiten wirtschaftlich, so daß auch die Kleinturbine weite Verbreitung für Generatorantrieb zu Beleuchtungszwecken auf Schiffen und Lokomotiven findet. Da der Abdampf vollkommen ölfrei ist, werden für dampfverbrauchende Betriebe mitunter auch dort Dampfturbinen gewählt, wo bei kleiner Leistung eine Dampfmaschine einen besseren Wirkungsgrad hat.

Neben diesem wichtigen Gebiet hat sich die Turbine zum Antrieb aller rotierenden Maschinen als geeignet erwiesen, so auch zum Antrieb von Holzschleifern über Rädervorgelege.

Seitdem es gelungen ist, Kreiselpumpen mit gutem Wirkungsgrad (80% und mehr) auszuführen, sind Turbinen auch für Wasserhaltungen und Wasserwerke in Anwendung, wobei vielfach das Wasser durch den Kondensator gesaugt wird und so zugleich als Kühlwasser dient.

Besonders häufig werden Kleinturbinen zum Antrieb von Kesselspeisepumpen benutzt und verdrängen die unwirtschaftlichen Auspuff-Kolbenpumpen; sie gestatten einen sehr kompendiösen Zusammenbau mit der Pumpe und lassen eine weitgehende Reglung der Menge durch besondere Druckregler zu.

Kleinturbinen dienen auch zum Antrieb von Hilfsmaschinen für Kondensationen, von Lenzpumpen und Lüftern auf Schiffen, von Zentrifugen bis herab zu Leistungen von Bruchteilen einer PS, von Schleudermühlen und von Ventilatoren für Luftheizung, wobei der Abdampf zur Erwärmung der Luft in einem zugleich als Luftkondensator dienenden Röhrenapparat benutzt wird.

Der zunehmende Bedarf an großen Luftmengen für Hüttenbetrieb, für Bergwerke und für Preßluftwerkzeuge hat zu weitgehender Verwendung des Dampfturbinenantriebes für Gebläse und Turbokompressoren geführt, deren Umlaufzahl bei hohen Pressungen bis 4500 in der Minute beträgt. Die Reglung erfolgt meist durch Druckregler zur Konstanthaltung des Druckes. Der Vorteil gegenüber Kolbenmaschinen besteht in der stetigen und stoßfreien Förderung und der ganz ölfreien Luft sowie in den weit geringeren Abmessungen der Turbomaschinen.

Ein wichtiges Gebiet ist ferner der Antrieb von Schiffen durch Dampfturbinen. Da die günstigste Umlaufzahl der Propeller niedrig ist, so wurden ursprünglich vielstufige Turbinen von großem Laufraddurchmesser verwendet, und wegen der Rückwärtsfahrt waren besondere Rückwärtsturbinen erforderlich. Um raschlaufende Turbinen mit günstigem Wirkungsgrad anwenden zu können und die Änderung der Drehrichtung der Turbinen zu vermeiden, ist elektrische Übertragung durch Generator und Reversiermotor angewendet worden. Eine weitere Verbreitung als Schiffsmaschine hat die Dampfturbine durch die Anwendung von Zahnradübersetzung gefunden, nachdem es nun möglich ist, diese mit hohem Wirkungsgrad (99%), geringer Abnutzung und geräuschlosem Lauf herzustellen. Zur Rückwärtsfahrt dient ein Wendegetriebe oder eine besondere Rückwärtsturbine.

Ein noch wenig angewendetes Gebiet sind die Turbolokomotiven, die nach den bisherigen Versuchen eine bessere Wirtschaftlichkeit erwarten lassen als bei Kolbenmaschinen, jedoch nur auf langen Strecken.

Solche Lokomotiven sind u. a. von Escher Wyss, Zürich, Krupp, Essen, gebaut worden, ferner von Maffei,

München. Die Turbine läuft mit bis zu 9000 U/min, mit Übersetzung auf eine Blindwelle und von dieser durch Treibstangen auf die Treibräder. Eine interessante Ausführung mit Luftkondensator und 6000 Umdr. war die Turbine der Ljungström-Angturbin-Aktiebolaget in Stockholm.

Für Grubenbewetterung werden Druckluftturbinen-Ventilatoren angewendet.

II. Entwicklungslinien

Der Dampfturbinenbau hat seit Anfang dieses Jahrhunderts bemerkenswerte Fortschritte gemacht, nicht nur in der Richtung der Leistungssteigerung der Einheiten und der Erhöhung des Dampfdruckes und der -temperatur, sondern auch hinsichtlich der Wirtschaftlichkeit, der Verringerung des Werkstoffaufwandes und des Raumbedarfes.

In neuerer Zeit sind Einheiten von 160000 kW bei 3000 U/min ausgeführt worden und mit Dampfdrücken von 160 atü bei 600° C. Es sind hochwarmfeste Werkstoffe erschmolzen worden, so in England und in den USA hochlegierte Stähle, die bei 900° C noch genügende Festigkeit aufweisen. Dadurch kann das Temperaturgefälle und infolgedessen der thermische Wirkungsgrad wesentlich erhöht werden und damit die Wirtschaftlichkeit. Der Wärmeverbrauch beträgt etwa 2400 kcal/kWh.

Durch die Erhöhung der Drehzahl wird der Werkstoffaufwand wesentlich geringer, das Gewicht je kW Leistung beträgt, abhängig von der Leistungsgröße, für die Turbine

bei	1000	5000	20000	und	50000 kW
etwa	12	7	5,5		4 kg/kW

Dementsprechend hat auch der Raumbedarf für Turbine und Generator bei 3000 U/min abgenommen, man kann bei großen Einheiten über 600 kW/m² unterbringen.

Auch die Kosten je kW installierter Leistung haben entsprechend abgenommen.

Die hohen Dampfdrücke und -temperaturen verlangen neben geeigneten Werkstoffen auch bestimmte konstruktive Maßnahmen, besonders für die arbeitsdampfführenden Teile wegen des geringen spez. Volumens und der hohen Wichte, speziell auch zur inneren und äußeren Dichtung. Ferner muß die verschiedene Wärmedehnung der feststehenden und der rotierenden Teile und die genaue zentrische Lage von Rotor und Stator beachtet werden. Alle diese Maßnahmen sind in den Baugrundsätzen enthalten: achsensymmetrische Form aller den hohen Temperaturen ausgesetzten Teile, wärmebewegliche Befestigung der inneren Teile (z.B. durch „atmende“ Einbauten nach Röder) und gleichmäßige Erwärmung beim Anfahren, um das Verziehen zu vermeiden. Diese Grundsätze finden bei neuzeitlichen Ausführungen bereits vielfach Anwendung.

Um das Gehäuse vom hohen Druck zu entlasten, werden im Hochdruckteil besondere Einsätze angeordnet, die auch einen Teil der Hochdruckstopfbüchse umfassen. In das äußere Gehäuse gelangt der Dampf erst nach Expansion in den Stufen der Innenschalen.

Bei den hohen Drücken muß, wie erwähnt, Zwischenüberhitzung, evtl. zwei- oder dreifach angewendet werden, weil sonst die Expansion zu weit in das Sättigungsgebiet führen würde. Der Gewinn durch die Zwischenüberhitzung ist an sich gering, wenn auch eine Erhöhung des Gefälles erreicht wird. Hingegen bringt die stufenweise Vorwärmung des Speisewassers durch Anzapfdampf eine Erhöhung der Wärmeausnutzung wie S. 59 und 73 erwähnt.

Durch die Anwendung hoher Frischdampfzustände und Anzapfdampfvorwärmung des Speisewassers lassen sich die guten wirtschaftlichen Wirkungsgrade des Dieselmotors erreichen. Die Verbesserung des Wirkungsgrades darf aber nicht nur von der Turbine verlangt werden, sie ist auch kesselseitig bedingt. Die Entwicklung ist noch nicht abgeschlossen, es sind weitere Verbesserungen der Wärmeausnutzung zu erwarten.

Gesättigter Wasserdampf von 10° bis 50° C

Temp. °C	Druck		Spez. Volumen v'' m³/kg	Spez. Gewicht γ'' kg/m³	Verdampfungswärme r kcal/kg	Gesamtwärme i'' kcal/kg	Temp. °C	Druck		Spez. Volumen v'' m³/kg	Spez. Gewicht γ'' kg/m³	Verdampfungswärme r kcal/kg	Gesamtwärme i'' kcal/kg
	mm Hg	kg/cm²						mm Hg	kg/cm²				
10	9,21	0,0125	106,4	9,40	589,5	590,5	31	33,7	0,0458	31,2	32,0	578,7	609,7
11	9,84	0,0134	99,7	10,03	589,0	600,0	32	35,7	0,0486	29,6	33,8	578,2	610,2
12	10,52	0,0143	93,7	10,67	588,5	600,5	33	37,7	0,0513	28,0	35,7	577,7	610,7
13	11,23	0,0153	87,9	11,38	588,0	601,0	34	39,9	0,0543	26,6	37,6	577,2	611,2
14	11,99	0,0163	83,0	12,05	587,5	601,5	35	42,2	0,0573	25,2	39,6	576,6	611,6
15	12,79	0,0174	77,9	12,83	586,9	601,9	36	44,6	0,0606	23,9	41,8	576,1	612,1
16	13,64	0,0186	73,2	13,66	586,4	602,4	37	47,1	0,0641	22,7	44,0	575,6	612,6
17	14,5	0,0197	69,0	14,49	585,9	602,9	38	49,7	0,0676	21,6	46,3	575,1	613,1
18	15,5	0,0211	65,1	15,36	585,4	603,4	39	52,5	0,0715	20,5	48,8	574,6	613,6
19	16,5	0,0224	61,4	16,29	584,9	603,9	40	55,3	0,0752	19,5	51,2	574,0	614,0
20	17,5	0,0238	57,8	17,3	584,3	604,3	41	58,4	0,0795	18,6	53,8	573,5	614,5
21	18,6	0,0254	54,5	18,3	583,8	604,8	42	61,5	0,0836	17,7	56,5	572,9	614,8
22	19,8	0,0270	51,4	19,4	583,3	605,3	43	64,8	0,0882	16,8	59,5	572,4	615,3
23	21,1	0,0287	48,6	20,6	582,8	605,8	44	68,3	0,0930	16,0	62,5	571,8	615,7
24	22,4	0,0305	45,9	21,8	582,3	606,3	45	71,9	0,0978	15,3	65,5	571,3	616,2
25	23,8	0,0324	43,4	23,0	581,7	606,7	46	75,7	0,103	14,6	68,5	570,7	616,6
26	25,2	0,0343	41,0	24,4	581,2	607,2	47	79,6	0,108	13,9	71,9	570,2	617,1
27	26,7	0,0363	38,8	25,8	580,7	697,7	48	83,7	0,114	13,2	75,8	569,6	617,5
28	28,3	0,0386	36,8	27,2	580,2	608,2	49	88,0	0,120	12,6	79,4	569,1	618,0
29	30,0	0,0408	34,8	28,7	579,7	608,7	50	92,5	0,126	12,0	83,2	568,5	618,4
30	31,8	0,0432	32,9	30,4	579,2	609,2							

Sachregister

GESAMTVERZEICHNIS

SAMMLUNG GÖSCHEN

DAS WISSEN DER WELT IN KURZEN KLAREN, ALLGEMEINVERSTÄNDLICHEN EINZELDARSTELLUNGEN NACH DEN LEHRPLÄNEN DER DEUTSCHEN UNIVERSITÄTEN UND HOCHSCHULEN AUFGEBAUT

JEDER BAND DM 2,40

DOPPELBAND DM 4,80

STAND JANUAR 1956

WALTER DE GRUYTER & CO.

BERLIN W 35

INHALTSVERZEICHNIS

Geisteswissenschaften

Philosophie

Einführung in die Philosophie von *H. Leisegang*. 2. Auflage. 145 Seiten. 1953. . . . . Bd. 281

Erkenntnistheorie von *G. Kropp*. 1. Teil: Allgemeine Grundlegung. 143 Seiten. 1950 . . . . Bd. 807

Hauptprobleme der Philosophie von *G. Simmel†*. 7., unveränd. Auflage. 177 Seiten. 1950 . . . . Bd. 500

Geschichte der Philosophie

I: Die griechische Philosophie von *W. Capelle*. 1. Teil. Von Thales bis Leukippos. 2., erweiterte Auflage. 135 Seiten. 1953 . . . . Bd. 857

II: Die griechische Philosophie von *W. Capelle*. 2. Teil. Von der Sophistik bis zum Tode Platons. 2., stark erweiterte Auflage. 144 Seiten 1953 . . . . Bd. 858

III: Die griechische Philosophie von *W. Capelle*. 3. Teil. Vom Tode Platons bis zur Alten Stoa. 2., stark erweiterte Auflage. 132 Seiten. 1954 . . . . Bd. 859

IV: Die griechische Philosophie von *W. Capelle*. 4. Teil. Von der Alten Stoa bis zum Eklektizismus im 1. Jahrhundert v. Chr. 2., stark erweiterte Auflage. 132 Seiten. 1954 . . . . Bd. 863

V: Die Philosophie des Mittelalters von *J. Koch*. In Vorbereitung . . . . Bd. 826

VI: Von der Renaissance bis Kant von *K. Schilling*. 234 Seiten. 1954 . . . . Bd. 394/394a

VII: Immanuel Kant von *G. Lehmann*. In Vorbereitung. Bd. 536

VIII: Die Philosophie des 19. Jahrhunderts von *G. Lehmann*. 1. Teil. 151 Seiten. 1953 . . . . Bd. 571

IX: Die Philosophie des 19. Jahrhunderts von *G. Lehmann*. 2. Teil. 168 Seiten. 1953 . . . . Bd. 709

X: Die Philosophie im ersten Drittel des 20. Jahrhunderts von *G. Lehmann*. In Vorbereitung . . . . . . Bd. 845

Die geistige Situation der Zeit (1931) von *K. Jaspers*. 3., unveränderter Abdruck der 1932 bearbeiteten 5. Auflage. 211 Seiten. 1953. Zur Zeit nur Ganzleinen DM 4,80 Bd. 1000

Philosophisches Wörterbuch von *M. Apel †*. 4., unveränderte Auflage. 260 Seiten. 1953 . . . . Bd. 1031

Philosophische Anthropologie von *M. Landmann*. 266 Seiten. 1955 . . . . Bd. 156/156a

Pädagogik · Psychologie · Soziologie

Geschichte der Pädagogik von *H. Weimer*. 11., neubearbeitete und vermehrte Auflage. 176 Seiten. 1954 . . . . Bd. 145

Therapeutische Psychologie. Freud — Adler — Jung von *W. M. Kranefeldt*. Mit einer Einführung von *C. G. Jung*. 2. Auflage. 152 Seiten. 1950 . . . . Bd. 1034

Sozialpsychologie von *P. R. Hofstätter*. 1956. In Vorbereitung Bd. 104/104a

Psychologie des Berufs- und Wirtschaftslebens von *W. Moede*. 1956. In Vorbereitung . . . . Bd. 851

Soziologie. Geschichte und Hauptprobleme von *L. von Wiese*. 5. Auflage. 162 Seiten. 1954 . . . . Bd. 101

Industrie- und Betriebssoziologie von *R. Dahrendorf*. 118 Seiten. 1956 . . . . Bd. 103

Religionswissenschaften

Jesus von *M. Dibelius* †. 2. Auflage. Unveränderter Nachdruck. 137 Seiten. 1949 . . . . Bd. 1130

Paulus von *M. Dibelius* †. Nach dem Tode des Verfassers herausgegeben und zu Ende geführt von *W. G. Kümmel*. 2. Auflage. 155 Seiten. 1956 . . . . Bd. 1160

Musik

Musikästhetik von *H. J. Moser*. 180 Seiten. 1953 . . . . Bd. 344

Systematische Modulation von *R. Henried*. 2. Auflage. 136 Seiten. 1950 . . . . Bd. 1094

Der polyphone Satz von *E. Pepping*. 1. Teil: Der cantus-firmus-Satz. 2. Auflage. 223 Seiten. 1950 . . . . Bd. 1148

Harmonielehre von *H. J. Moser*.
I: 109 Seiten. 1954 . . . . Bd. 809

Technik der deutschen Gesangskunst von *H. J. Moser*. Dritte, durchges. u. verbesserte Auflage. 144 Seiten mit 5 Fig. 1954 . . . . Bd. 576/576a

Die Kunst des Dirigierens von *H. W. von Waltershausen* †. 2. Auflage. 138 Seiten. 1954 . . . . Bd. 1147

Die Technik des Klavierspiels aus dem Geiste des musikalischen Kunstwerkes von *K. Schubert* †. 3. Auflage. 110 Seiten. 1954 . . . . Bd. 1045

Die Musik des 19. Jahrhunderts von *W. Oehlmann*. 180 Seiten. 1953 . . . . Bd. 170

Allgemeine Musiklehre von *H. J. Moser*.
2., durchges. Auflage. 155 Seiten. 1955 . . . . . Bd. 220/220a

Kunst

Stilkunde von *H. Weigert*.
I: Vorzeit, Antike, Mittelalter. 2. Auflage. 136 Seiten. Mit 94 Abbildungen. 1953 . . . . Bd. 80
II: Spätmittelalter und Neuzeit. 2. Auflage. 146 Seiten. Mit 84 Abbildungen. 1953 . . . . Bd. 781

Archäologie von *A. Rumpf*.
I: Einleitung, historischer Überblick. 143 Seiten mit 6 Abbildungen im Text und 12 Tafeln. 1953 . . . . . . Bd. 538
II: Die Archäologensprache. Die antiken Reproduktionen. 136 Seiten mit 7 Abbildungen im Text und 12 Tafeln. 1956 . . . . Bd. 539

Geschichte

Einführung in die Geschichtswissenschaft von *P. Kirn*. 2. Auflage. 121 Seiten. 1952 . . . . Bd. 270

Kultur der Urzeit von *F. Behn*. 4. Auflage der „Kultur der Urzeit". Band I—III von *M. Hoernes*.
I: Die vormetallischen Kulturen. (Die Steinzeiten Europas. Gleichartige Kulturen in anderen Erdteilen). 1[illegible]2 Seiten mit 48 Abbildungen. 1950 . . . . Bd. 564
II: Die älteren Metallkulturen. (Der Beginn der Metallbenutzung. Kupfer- und Bronzezeit in Europa, im Orient und in Amerika). 160 Seiten mit 67 Abbildungen. 1950 Bd. 565
III: Die jüngeren Metallkulturen. (Das Eisen als Kulturmetall. Hallstatt-Latène-Kultur in Europa. Das erste

Auftreten des Eisens in den anderen Erdteilen). 149 Seiten mit 60 Abbildungen. 1950 . . . . Bd. 566

Vorgeschichte Europas von *F. Behn*. Völlig neue Bearbeitung der 7. Auflage der „Urgeschichte der Menschheit" von *M. Hoernes*. 125 Seiten mit 47 Abbildungen. 1949 . . Bd. 42

Von den Karolingern zu den Staufern von *J. Haller*. Die altdeutsche Kaiserzeit (900—1250). 3. Auflage. 141 Seiten mit 4 Karten. 1944 . . . . Bd. 1065

Deutsche Geschichte im Zeitalter der Reformation, der Gegenreformation und des 30jährigen Krieges von *F. Hartung*. 129 Seiten. 1951 . . . . Bd. 1105

Deutsche Geschichte von 1648 bis zur Gegenwart von *W. Treue* (4 Bände). In Vorbereitung . . . . Bd. 35

Quellenkunde der deutschen Geschichte im Mittelalter (bis zur Mitte des 15. Jahrhunderts) von *K. Jacob* †.

I: Einleitung. Allgemeiner Teil. Die Zeit der Karolinger. 5. Auflage. 118 Seiten. 1949 . . . . Bd. 279

II: Die Kaiserzeit (911—1250). 4. Auflage. 127 Seiten. 1949 . . . . Bd. 280

III: Das Spätmittelalter (vom Interregnum bis 1500). Unter Verwendung der Hinterlassenschaft herausgegeben von *F. Weden*. 152 Seiten. 1952 . . . . Bd. 284

Badische Geschichte von *A. Krieger*. 137 Seiten. 1921 . . . Bd. 230

Geschichte Englands von *H. Preller*.

I: bis 1815. 3., stark umgearbeitete Auflage. 135 Seiten mit 7 Stammtafeln und 2 Karten im Text. 1952. . . . Bd. 375

II: von 1815 bis 1910. 2., völlig umgearb. Auflage. 118 S. mit 1 Stammtafel und 7 Karten im Text. 1954 . . Bd. 1088

Geschichte der Vereinigten Staaten von Amerika von *O. Graf zu Stolberg-Wernigerode*. 192 Seiten mit 10 Karten im Text. 1956. . . . . Bd. 1051/1051a

Deutsche Sprache und Literatur

Deutsches Rechtschreibungswörterbuch von *M. Gottschald*. 2., verbesserte Auflage. 269 Seiten. 1953 . . . . Bd. 200/200a

Deutsche Wortkunde von *A. Schirmer*. Eine kulturgeschichtliche Betrachtung des deutschen Wortschatzes. 3., durchgesehene Auflage. 109 Seiten. 1949 . . . . . Bd. 929

Deutsche Sprachlehre von *W. Hofstaetter*. 9., neubearbeitete Auflage von *G. Spree*. 144 Seiten. 1953 . . . . Bd. 20

Stimmkunde für Beruf, Kunst und Heilzwecke von *H. Biehle*. 111 Seiten. 1955 . . . . Bd. 60

Redetechnik von *H. Biehle*. Einführung in die Rhetorik. 115 Seiten. 1954 . . . . Bd. 61

Sprechen und Sprachpflege von *H. Feist*. (Die Kunst des Sprechens). 2., verbesserte Auflage. 99 Seiten mit 25 Abbildungen. 1952 . . . . Bd. 1122

Der Nibelunge Nôt in Auswahl mit kurzem Wörterbuch von *K. Langosch*. 9., umgearbeitete Auflage. 164 Seiten. 1953 Bd. 1

Deutsches Dichten und Denken von der germanischen bis zur staufischen Zeit von *H. Naumann*. (Deutsche Literaturgeschichte vom 5.—13. Jahrhundert). 2., verbesserte Auflage. 166 Seiten. 1952 . . . . Bd. 1121

Deutsches Dichten und Denken vom Mittelalter zur Neuzeit von *G. Müller* (1270—1700). 2., durchgesehene Auflage. 159 Seiten. 1949 . . . . Bd. 1086

Die deutschen Personennamen von *M. Gottschald.* 3., verbesserte Auflage. 151 Seiten. 1955 . . . . Bd. 422
Althochdeutsches Elementarbuch von *H. Naumann †* und *W. Betz.* 2. Auflage. 156 Seiten. 1954. . . . . Bd. 1111
Mittelhochdeutsche Grammatik von *H. de Boor* und *R. Wisniewski.* 139 Seiten. 1956 . . . . Bd. 1108

Indogermanisch · Germanisch

Gotisches Elementarbuch von *H. Hempel.* Grammatik, Texte mit Übersetzung und Erläuterungen. 2., umgearbeitete Auflage. 165 Seiten. 1953 . . . . Bd. 79
Germanische Sprachwissenschaft von *H. Krahe.*
I: Einleitung und Lautlehre. 3. Auflage. In Vorbereitung Bd. 238
II: Formenlehre. 2. Auflage. 140 Seiten .1948 . . . . . Bd. 780
Altnordisches Elementarbuch von *F. Ranke.* Schrifttum, Sprache, Texte mit Übersetzung und Wörterbuch. 2., durchgesehene Auflage. 146 Seiten. 1949 . . . . Bd. 1115

Englisch · Französisch · Italienisch

Altenglisches Elementarbuch von *M. Lehnert.* Einführung, Grammatik, Texte mit Übersetzung und Wörterbuch. 3., verbesserte Auflage. 178 Seiten. 1955 . . . . . . Bd. 1125
Historische neuenglische Laut- und Formenlehre von *E. Ekwall.* 3., durchgesehene Auflage. 150 Seiten. 1956 . . Bd. 735
Englische Literaturgeschichte.
I: Die alt- und mittelenglische Periode von *F. Schubel.* 163 Seiten. 1954 . . . . Bd. 1114
II: Von der Renaissance bis zur Aufklärung von *Paul Meissner †.* 139 Seiten. 1937 . . . . Bd. 1116
III: Romantik und Viktorianismus von *Paul Meissner †.* 150 Seiten. 1938 . . . . Bd. 1124
IV: Das 20. Jahrhundert von *Paul Meissner †.* 150 Seiten. 1939 . . . . Bd. 1136
Beowulf von *M. Lehnert.* Eine Auswahl mit Einführung, teilweiser Übersetzung, Anmerkungen und etymologischem Wörterbuch. 2., verbesserte Auflage. 135 Seiten. 1949 Bd. 1135
Shakespeare von *P. Meissner †.* 2. Auflage, neubearbeitet von *M. Lehnert.* 136 Seiten. 1954 . . . . Bd. 1142
Romanische Sprachwissenschaft von *H. Lausberg.*
I: Einleitung und Vokalismus. 160 Seiten. 1956 . . Bd. 128/128a
II: Konsonantismus. 95 Seiten. 1956 . . . . Bd. 250
Italienische Literaturgeschichte von *K. Vossler †.* Unveränderter Nachdruck der 1927 erschienenen 4., durchgesehenen und verbesserten Auflage. 148 Seiten. 1948 Bd. 125

Griechisch · Lateinisch

Griechische Sprachwissenschaft von *W. Brandenstein.*
I: Einleitung, Lautsystem, Etymologie. 160 Seiten. 1954 Bd. 117
II: In Vorbereitung . . . . Bd. 118
Geschichte der griechischen Sprache
I: Bis zum Ausgang der klassischen Zeit. Von *O. Hoffmann †.* 3., umgearbeitete Auflage von *A. Debrunner.* 156 Seiten. 1954 . . . . Bd. 111
II: Grundfragen und Grundzüge d. nachklass. Griechisch. Von *A. Debrunner.* 144 Seiten. 1954 . . . . Bd. 114

Geschichte der griechischen Literatur von *W. Nestle*. 2., verbesserte Auflage.
I: Von den Anfängen bis auf Alexander d. Gr. 148 Seiten. 1950 . . . . Bd. 70
II: Von Alexander d. Gr. bis zum Ausgang der Antike. 128 Seiten. 1948 . . . . Bd. 557

Geschichte der lateinischen Sprache von *F. Stolz †*. 3., stark umgearbeitete Auflage von *A. Debrunner*. 136 Seiten. 1953 . . . . Bd. 492

Hebräisch · Sanskrit · Russisch

Hebräische Grammatik von *G. Beer †*. 2., völlig neubearbeitete Auflage von *R. Meyer*.
I: Schrift-, Laut- und Formenlehre I. 157 Seiten. 1952. Bd. 763/763a
II: Schrift-, Laut- und Formenlehre II. 195 Seiten. 1955 . . . . Bd. 764/764a

Sanskrit-Grammatik von *M. Mayrhofer*. 89 Seiten. 1953 . . Bd. 1158

Russische Grammatik von *G. Berneker*. 6., unveränderte Auflage von *M. Vasmer*. 155 Seiten. 1947 . . . . Bd. 66

Erd- und Länderkunde

Afrika von *F. Jaeger*. Ein geographischer Überblick. 2., umgearbeitete Auflage.
I: Der Lebensraum. 179 Seiten mit 18 Abbildungen. 1954 Bd. 910
II: Mensch und Kultur. 155 Seiten mit 6 Abbildungen. 1954 Bd. 911

Iberoamerika von *O. Quelle*. In Vorbereitung . . . . Bd. 856

Australien und Ozeanien von *H. J. Krug*. 176 Seiten mit 46 Skizzen. 1953 . . . . Bd. 319

Kartenkunde von *M. Eckert-Greifendorff †*. 3., durchgesehene Auflage von *W. Kleffner*. 149 Seiten mit 63 Abb. 1950 Bd. 30

Volkswirtschaft · Publizistik

Allgemeine Betriebswirtschaftslehre von *K. Mellerowicz*. 9., unveränderte Auflage. 1956.
I: 142 Seiten . . . . Bd. 1008
II: 112 Seiten. . . . . Bd. 1153
III: 143 Seiten. . . . . Bd. 1154

Allgemeine Volkswirtschaftslehre von *A. Paulsen*.
I: Grundlegung, Wirtschaftskreislauf. 138 Seiten mit 11 Abbildungen. 1956. . . . . Bd. 1169
II: Haushalte, Unternehmungen, Marktformen. In Vorbereitung . . . . Bd. 1170
III: Produktionsfaktoren, Geldwesen. In Vorbereitung . . Bd. 1171
IV: Konjunktur, Außenhandel, staatliche Aktivität. In Vorbereitung . . . . Bd. 1172

Zeitungslehre von *E. Dovifat*. 3., neubearbeitete Auflage. 1955.
I: Theoretische und rechtliche Grundlagen, Nachricht und Meinung, Sprache und Form. 148 Seiten. 1955 . . . . Bd. 1039
II: Redaktion, Die Sparten, Verlag und Vertrieb, Wirtschaft und Technik, Sicherung der öffentlichen Aufgabe. 158 Seiten. 1955 . . . . Bd. 1040

Naturwissenschaften

Mathematik

Geschichte der Mathematik von *J. E. Hofmann.*
I: Von den Anfängen bis zum Auftreten von Fermat und Descartes. 200 Seiten. 1953 . . . . Bd. 226

Mathematische Formelsammlung von *F. Ringleb.* Vollständig umgearbeitete Neuausgabe des Werkes von *O. Th. Bürklen.* 6., durchgesehene Aufl. 274 Seiten mit 57 Figuren. 1956. In Vorbereitung . . . . Bd. 51

Fünfstellige Logarithmen von *A. Adler.* Mit mehreren graphischen Rechentafeln und häufig vorkommenden Zahlwerten. 2. Auflage. Neudruck. 127 Seiten mit 1 Tafel. 1949 . . . . Bd. 423

Höhere Algebra von *H. Hasse.* 3., verbesserte Auflage.
I: Lineare Gleichungen. 152 Seiten. 1951 . . . . Bd. 931
II: Gleichungen höheren Grades. 158 Seiten mit 5 Figuren. 1951 . . . . Bd. 932

Aufgabensammlung zur höheren Algebra von *H. Hasse* und *W. Klobe.* 2., verbesserte und vermehrte Auflage. 181 Seiten. 1952 . . . . Bd. 1082

Elementare und klassische Algebra vom modernen Standpunkt von *W. Krull.* 2., erweiterte Auflage.
I: 136 Seiten. 1952 . . . . Bd. 930

Einführung in die Zahlentheorie von *A. Scholz †.* 2. Auflage, überarbeitet von *B. Schoeneberg.* 128 Seiten. 1955 . . . Bd. 1131

Elemente der Funktionentheorie von *K. Knopp.* 4. Auflage. 144 Seiten mit 23 Fig. 1955 . . . . Bd. 1109

Funktionentheorie von *K. Knopp.* 8. Auflage.
I: Grundlagen der allgemeinen Theorie der analytischen Funktionen. 139 Seiten mit 8 Fig. 1955 . . . . Bd. 668
II: Anwendungen und Weiterführung der allgemeinen Theorie. 130 Seiten mit 7 Fig. 1955 . . . . Bd. 703

Aufgabensammlung zur Funktionentheorie von *K. Knopp.* 4. Auflage.
I: Aufgaben zur elementaren Funktionentheorie. 135 Seiten. 1949 . . . . Bd. 877
II: Aufgaben zur höheren Funktionentheorie. 151 Seiten. 1949 . . . . Bd. 878

Repetitorium und Aufgabensammlung zur Differentialrechnung von *A. Witting †.* 2., neubearbeitete Auflage. Durchgesehener Neudruck. 145 Seiten. 1949 . . . . Bd. 146

Repetitorium und Aufgabensammlung zur Integralrechnung von *A. Witting †.* 2., neubearbeitete Auflage. Durchgesehener Neudruck. 121 Seiten mit 32 Figuren und 309 Beispielen. 1949 . . . . Bd. 147

Gewöhnliche Differentialgleichungen von *G. Hoheisel.* 4., neubearbeitete Auflage. 129 Seiten. 1951 . . . . Bd. 920

Partielle Differentialgleichungen von *G. Hoheisel.* 3., neubearbeitete Auflage. 130 Seiten. 1953 . . . . Bd. 1003

Aufgabensammlung zu den gewöhnlichen und partiellen Differentialgleichungen von *G. Hoheisel.* 2., umgearbeitete Auflage. 124 Seiten. 1952 . . . . Bd. 1059

Mengenlehre von *E. Kamke,* 3., neubearbeitete Auflage. 194 Seiten mit 6 Figuren. 1955 . . . . Bd. 999/999a

Darstellende Geometrie von *W. Haack*.
I: Die wichtigsten Darstellungsmethoden. Grund- und Aufriß ebenflächiger Körper. 110 Seiten mit 117 Abbildungen. 1954 . . . . Bd. 142
II: Körper mit krummen Begrenzungsflächen. Kotierte Projektionen. 129 Seiten mit 86 Abbildungen. 1954 . . Bd. 143
III: Axonometrie. Perspektive. Photogrammetrie. In Vorbereitung . . . . Bd. 144

Sammlung von Aufgaben und Beispielen zur analytischen Geometrie der Ebene von *R. Haussner †*. Mit den vollständigen Lösungen. 139 Seiten mit 22 Figuren im Text. Neudruck. 1949 . . . . Bd. 256

Nichteuklidische Geometrie von *R. Baldus †*. Hyperbolische Geometrie der Ebene. 3., verbesserte Auflage, durchgesehen und herausgegeben von *F. Löbell*. 140 Seiten mit 70 Figuren im Text. 1953 . . . . Bd. 970

Differentialgeometrie von *K. Strubecker* (früher Rothe).
I: Kurventheorie der Ebene und des Raumes. 150 Seiten mit 18 Figuren. 1955 . . . . Bd. 1113/1113a

Einführung in die konforme Abbildung von *L. Bieberbach*. 4. Auflage. 147 Seiten mit 42 Zeichnungen. 1949 . . . Bd. 768

Vektoranalysis von *S. Valentiner*. Neudruck der 7. Auflage (1950). 138 Seiten mit 19 Figuren. 1954 . . . . Bd. 354

Vermessungskunde von *P. Werkmeister*.
I: Stückmessung und Nivellieren. 9. Auflage. 165 Seiten mit 145 Figuren. 1949 . . . . Bd. 468
II: Messung von Horizontalwinkeln. Festlegung von Punkten im Koordinatensystem. Absteckungen. 7. Auflage. 151 Seiten mit 93 Figuren. 1949 . . . . Bd. 469
III: Trigonometrische und barometrische Höhenmessung. Tachymetrie und Topographie. 6. Auflage. 147 Seiten mit 64 Figuren. 1949 . . . . Bd. 862

Versicherungsmathematik von *F. Böhm*.
I: Elemente der Versicherungsrechnung. 3., vermehrte und verbesserte Auflage. Durchgesehener Neudruck. 151 Seiten. 1954 . . . . Bd. 180
II: Lebensversicherungsmathematik. Einführung in die technischen Grundlagen der Sozialversicherung. 2., verbesserte Auflage. 205 Seiten. 1953 . . . . Bd. 917/917a

Physik

Einführung in die theoretische Physik von *W. Döring*.
I: Mechanik. 119 Seiten mit 29 Abbildungen. 1954 . . Bd. 76
II: Das elektromagnetische Feld. 123 Seiten mit 15 Abbildungen. 1955 . . . . Bd. 77
III: Optik. 117 Seiten mit 32 Abbildungen. 1956 . . . . Bd. 78
IV: Thermodynamik. Mit 9 Abbildungen. In Vorbereitung Bd. 374

Atomphysik von *K. Bechert* u. *Ch. Gerthsen*. 3., umgearb. Aufl.
I: Allgemeine Grundlagen. I. Teil von *Ch. Gerthsen*. 123 Seiten mit 35 Abbildungen. 1955. . . . . Bd. 1009
II: Allgemeine Grundlagen. II. Teil von *Ch. Gerthsen*. 112 Seiten mit 48 Abbildungen. 1955. . . . . Bd. 1033
III: Theorie des Atombaus. I. Teil von *K. Bechert*. 148 Seiten mit 16 Abbildungen. 1954 . . . . . Bd. 1123/1123a
IV: Theorie des Atombaus. 2. Teil von *K. Bechert*. 170 Seiten mit 14 Abbildungen. 1954 . . . . Bd. 1165/1165a

Differentialgleichungen der Physik von *F. Sauter*. 2. Auflage. 148 Seiten mit 16 Figuren. 1950 . . . . Bd. 1070

Physikalische Formelsammlung von *G. Mahler* und *K. Mahler*. 9., durchgesehene Auflage. 153 Seiten mit 69 Figuren. 1955 . . . . Bd. 136

Physikalische Aufgabensammlung von *G. Mahler* u. *K. Mahler*. Mit den Ergebnissen. 8., durchgesehene Auflage. 127 Seiten. 1955 . . . . Bd. 243

Chemie

Geschichte der Chemie von *G. Lockemann*. In kurzgefaßter Darstellung.
- I: Vom Altertum bis zur Entdeckung des Sauerstoffs. 142 Seiten mit 8 Bildnissen. 1950 . . . . Bd. 264
- II: Von der Entdeckung des Sauerstoffs bis zur Gegenwart. 151 Seiten mit 16 Bildnissen. 1955 . . . . Bd. 265/265a

Anorganische Chemie von *W. Klemm*. 8. Auflage. 184 Seiten mit 18 Abbildungen. 1954 . . . . Bd. 37

Organische Chemie von *W. Schlenk*. 6., erweiterte Auflage. 263 Seiten. 1954 . . . . Bd. 38/38a

Allgemeine und physikalische Chemie von *W. Schulze*. 4., neubearbeitete Auflage.
- I: 139 Seiten mit 10 Figuren. 1955 . . . . Bd. 71
- II: 177 Seiten mit 37 Figuren. 1956 . . . . Bd. 698/698a
- III: 1956. In Vorbereitung . . . . Bd. 786

Analytische Chemie von *J. Hoppe*. 5., verbesserte Auflage.
- I: Reaktionen. 135 Seiten. 1950 . . . . Bd. 247
- II: Gang der qualitativen Analyse. 166 Seiten. 1950 . . Bd. 248

Maßanalyse von *G. Jander* und *K. J. Jahr*. Theorie und Praxis der klassischen und der elektrochemischen Titrierverfahren. 7. Auflage.
- I: Grundlagen. Oxydations- und Reduktionsanalysen. In Vorbereitung . . . . Bd. 221
- II: Neutralisations- und Fällungsanalysen. In Vorbereitung Bd. 1002
- III: Komplexometrie. Konduktometrie. Potentiometrie. In Vorbereitung . . . . Bd. 1004

Thermochemie von *W. A. Roth*. 2., verbesserte Auflage. 109 Seiten mit 16 Figuren. 1952 . . . . Bd. 1057

Physikalisch-chemische Rechenaufgaben von *E. Asmus*. 2. Auflage. 96 Seiten. 1949 . . . . Bd. 445

Stöchiometrische Aufgabensammlung von *W. Bahrdt* und *R. Scheer*. Mit den Ergebnissen. 5., verbesserte Auflage. 120 Seiten. 1952 . . . . Bd. 452

Elektrochemie und ihre physikalisch-chemischen Grundlagen von *A. Dassler*.
- I: 149 Seiten mit 21 Abbildungen. 1950. . . . . Bd. 252
- II: 178 Seiten mit 17 Abbildungen. 1950. . . . . Bd. 253

Technologie

Warenkunde von *K. Hassak†* und *E. Beutel†*. 7. Auflage. Neubearbeitet von *A. Kutzelnigg*.
- I: Anorganische Waren sowie Kohle und Erdöl. 116 Seiten mit 19 Figuren. 1947 . . . . Bd. 222
- II: Organische Waren. 143 Seiten mit 32 Figuren. 1949 . Bd. 223

Die Fette und Öle von *K. Braun†*. 5., völlig neubearbeitete und verbesserte Auflage von *Th. Klug*. 145 Seiten. 1950 Bd. 335

Die Seifenfabrikation von *K. Braun†*. 3., neubearbeitete und verbesserte Auflage von *Th. Klug*. 116 Seiten mit 18 Abbildungen. 1953 . . . . Bd. 336

Textilindustrie.

I: Spinnerei und Zwirnerei von *A. Blümcke*. 112 Seiten mit 43 Abbildungen. 1954 . . . . Bd. 184

Biologie

Einführung in die allgemeine Biologie von *M. Hartmann*. In Vorbereitung . . . . Bd. 96

Hormone von *G. Koller*. 2., neubearbeitete und erweiterte Auflage. 187 Seiten mit 60 Abb. und 19 Tabellen. 1949 . Bd. 1141

Fortpflanzung im Tier- und Pflanzenreich von *J. Hämmerling*. 2., ergänzte Auflage. 135 Seiten mit 101 Abb. 1951 . Bd. 1138

Geschlecht und Geschlechtsbestimmung im Tier- und Pflanzenreich von *M. Hartmann*. 2., verbesserte Auflage. 116 Seiten mit 61 Abbildungen und 7 Tabellen. 1951. . Bd. 1127

Grundriß der allgemeinen Mikrobiologie von *W. Schwartz*.

I: 104 Seiten mit 17 Abbildungen. 1949. . . . . Bd. 1155

II: 93 Seiten mit 12 Abbildungen. 1949. . . . . Bd. 1157

Symbiose der Tiere mit pflanzlichen Mikroorganismen von *P. Buchner*. 2., verbesserte und vermehrte Auflage. 130 Seiten mit 121 Abbildungen. 1949 . . . . Bd. 1128

Botanik

Entwicklungsgeschichte des Pflanzenreiches von *H. Heil*. 2. Auflage. 138 Seiten mit 94 Abbildungen und 1 Tabelle. 1950 Bd. 1137

Morphologie der Pflanzen von *L. Geitler*. 3. Auflage. 126 Seiten mit 114 Abbildungen. 1953 . . . . Bd. 141

Pflanzenzüchtung von *H. Kuckuck*. 3., völlig umgearbeitete Auflage.

I: Grundzüge der Pflanzenzüchtung. 132 Seiten mit 22 Abbildungen. 1952 . . . . Bd. 1134

Die Laubhölzer von *F. W. Neger†* und *E. Münch†*. Kurzgefaßte Beschreibung der in Mitteleuropa gedeihenden Laubbäume und Sträucher. 3., durchgesehene Auflage, herausgegeben von *B. Huber*. 143 Seiten mit 63 Figuren und 7 Tabellen. 1950 . . . . Bd. 718

Die Nadelhölzer (Koniferen) und übrigen Gymnospermen von *F. W. Neger†* und *E. Münch†*. 4. Auflage. Durchgesehen und ergänzt von *B. Huber*. 140 Seiten mit 75 Figuren, 4 Tabellen und 3 Karten. 1952 . . . . Bd. 355

Zoologie

Entwicklungsphysiologie der Tiere von *F. Seidel*.

I: Ei und Furchung. 126 Seiten mit 29 Abbildungen. 1953 . . . . Bd. 1162

II: Körpergrundgestalt und Organbildung. 159 Seiten mit 42 Abbildungen. 1953 . . . . Bd. 1163

Das Tierreich.

Fische von *D. Lüdemann*. 130 Seiten mit 65 Abbildungen. 1955 . . . . Bd. 356

Insekten von *H. von Lengerken*. 128 Seiten mit 58 Abbildungen. 1953 . . . . Bd. 594

Land- und Forstwirtschaft

Geologie · Mineralogie · Kristallographie

Technik

Elektrotechnik

Grundlagen der Elektrotechnik von *O. Mohr.* 2 Bände. In Vorbereitung . . . . Bd. 196/197

Die Gleichstrommaschine von *K. Humburg.* Durchgesehener Neudruck.
I: 102 Seiten mit 59 Abbildungen. 1949. . . . . Bd. 257
II: 98 Seiten mit 38 Abbildungen. 1949 . . . . Bd. 881

Die synchrone Maschine von *K. Humburg.* Neudruck. 109 Seiten mit 78 Bildern. 1951 . . . . Bd. 1146

Induktionsmaschinen von *F. Unger.* 2., erweiterte Auflage. 142 Seiten mit 49 Abbildungen. 1954. . . . . Bd. 1140

Die komplexe Berechnung von Wechselstromschaltungen von *H. H. Meinke.* 160 Seiten mit 114 Abbildungen. 1949 . Bd. 1156

Theoretische Grundlagen zur Berechnung der Schaltgeräte von *F. Kesselring.* 3. Auflage. 144 Seiten mit 92 Abbildungen. 1950 . . . . Bd. 711

Einführung in die Technik selbsttätiger Regelungen von *W. zur Megede.* 1956. In Vorbereitung . . . . Bd. 714/714a

Elektromotorische Antriebe (Grundlagen für die Berechnung) von *A. Schwaiger.* 3., neubearbeitete Auflage. 96 Seiten mit 34 Abbildungen. 1952 . . . . Bd. 827

Technische Tabellen und Formeln von *W. Müller.* 4., verbesserte und erweiterte Auflage von *E. Schulze.* 152 Seiten mit 105 Figuren. 1951 . . . . Bd. 579

Überspannungen und Überspannungsschutz von *G. Frühauf.* Durchgesehener Neudruck. 122 Seiten mit 98 Abbildungen. 1950 . . . . Bd. 1132

Maschinenbau

Metallkunde. Einführendes über Aufbau, Eigenschaften und Untersuchung von Metallen und Legierungen sowie über Grundlagen des Schmelzens, des Gießens, des Verformens, der Wärmebehandlung, der Oberflächenbehandlung, der Verbinde- und Trennarbeiten von *H. Borchers.*
I: Aufbau der Metalle und Legierungen. 3. Auflage. 1956. In Vorbereitung . . . . Bd. 432
II: Eigenschaften. Grundzüge der Form- und Zustandsgebung. 2. Auflage. 154 Seiten mit 8 Tabellen und 100 Abbildungen. 1952 . . . . Bd. 433

Die Werkstoffe des Maschinenbaues von *A. Thum* und *C. M. Freiherr von Meysenbug.*
I: 1956. In Vorbereitung . . . . Bd. 476

Dynamik von *W. Müller.* 2., verbesserte Auflage.
I: Dynamik des Einzelkörpers. 128 Seiten mit 48 Figuren. 1952 . . . . Bd. 902
II: Systeme von starren Körpern. 102 Seiten mit 41 Figuren. 1952 . . . . Bd. 903

Technische Schwingungslehre von *L. Zipperer.* 2., neubearbeitete Auflage.

I: Allgemeine Schwingungsgleichungen, einfache Schwinger. 120 Seiten mit 101 Abbildungen. 1953 . . . . . Bd. 953
II: Torsionsschwingungen in Maschinenanlagen. 102 Seiten mit 59 Abbildungen. 1955 . . . . Bd. 961/961a

Transformatoren von *W. Schäfer*. 2. Auflage mit 74 Abbildungen. 1956. In Vorbereitung . . . . Bd. 952

Werkzeugmaschinen für Metallbearbeitung von *K. P. Matthes*.
I: 110 Seiten mit 27 Abbildungen, 11 Zahlentafeln im Text und 1 Tafelanhang. 1954 . . . . Bd. 561
II: Fertigungstechnische Grundlagen der neuzeitlichen Metallbearbeitung. 101 Seiten mit 30 Abbildungen und 5 Tafeln im Text. 1955 . . . . Bd. 562

Die Maschinenelemente von *E. A. vom Ende*. 3., verbesserte Auflage. Mit 175 Figuren und 9 Tafeln. 1956. In Vorbereitung . . . . Bd. 3

Das Maschinenzeichnen mit Einführung in das Konstruieren von *W. Tochtermann*. 4. Auflage.
I: Das Maschinenzeichnen. 156 Seiten mit 77 Tafeln. 1950 Bd. 589
II: Ausgeführte Konstruktionsbeispiele. 130 Seiten mit 58 Tafeln. 1950 . . . . Bd. 590

Getriebelehre von *P. Grodzinski*. 2., neubearbeitete Auflage.
I: Geometrische Grundlagen. 159 Seiten mit 142 Figuren. 1953 . . . . Bd. 1061

Gießereitechnik von *H. Jungbluth*.
I: Eisengießerei. 126 Seiten mit 44 Abbildungen. 1951 . . Bd. 1159

Die Dampfkessel und Feuerungen einschließlich Hilfseinrichtungen in Theorie, Konstruktion und Berechnung von *W. Marcard †*. 2. Auflage. Neubearbeitet von *K. Beck*.
I: Die theoretischen Grundlagen. Wärme, Verbrennung, Wärmeübertragung. 150 Seiten mit 42 Abbildungen und 16 Tabellen. 1951 . . . . Bd. 9
II: Dampfkessel. 147 Seiten mit 43 Abbildungen. 1952 . . Bd. 521

Dampfturbinen von *C. Zietmann*. 3., verbesserte Auflage.
I: Theorie der Dampfturbinen. 140 Seiten mit 48 Abbildungen. 1955 . . . . Bd. 274
II: Die Berechnung der Dampfturbinen und die Konstruktion der Einzelteile. 134 Seiten mit 111 Abbildungen. 1956 . . . . Bd. 715
III: Ihre Wirkungsweise, Berechnung und Konstruktion. Mit 90 Abbildungen. 1956. In Vorbereitung . . . . . Bd. 716

Industrielle Kraft- und Wärmewirtschaft von *F. A. F. Schmidt*. 1956. In Vorbereitung. . . . . Bd. 318/318a

Technische Thermodynamik von *W. Nusselt*.
I: Grundlagen. 4., verbesserte Auflage. 144 Seiten mit 71 Abbildungen. 1956. In Vorbereitung . . . . Bd. 1034
II: Theorie der Wärmekraftmaschinen. Neudruck. 144 Seiten mit 87 Abbildungen und 32 Zahlentafeln. 1951 . . Bd. 1151

Autogenes Schweißen und Schneiden von *H. Niese*. 5. Auflage. Neubearbeitet von *A. Küchler*. 136 Seiten mit 71 Figuren. 1954 . . . . Bd. 499

Die elektrischen Schweißverfahren von *H. Niese*. 2. Auflage. Neubearbeitet von *H. Dienst*. 136 Seiten mit 58 Abbildungen. 1955 . . . . Bd. 1020

Hebezeuge von *G. Tafel*.
I: 2., verbesserte Auflage. 276 Seiten mit 230 Figuren. 1954 . . . . Bd. 414/414a

Wasserbau

Wasserkraftanlagen von *A. Ludin.*
I: Planung, Grundlagen und Grundzüge. 124 Seiten mit 60 Abbildungen. 1955 . . . . Bd. 665
II: In Vorbereitung . . . . Bd. 666

Verkehrswasserbau von *H. Dehnert.*
I: Entwurfsgrundlagen, Flußregelungen. 103 Seiten mit 52 Textabbildungen. 1950 . . . . Bd. 585
II: Flußkanalisierungen und Schiffahrtskanäle. 94 Seiten mit 60 Textabbildungen. 1950 . . . . Bd. 597
III: Schleusen und Hebewerke. 98 Seiten mit 70 Textabbildungen. 1950 . . . . Bd. 1152

Talsperren von *F. Tölke.* 122 Seiten mit 70 Abbildungen. 1953 Bd. 1044

Wehr- und Stauanlagen von *H. Dehnert.* 134 Seiten mit 90 Abbildungen. 1952 . . . . Bd. 965

Hoch- und Tiefbau

Festigkeitslehre von *W. Gehler †* und *W. Herberg.*
I: Elastizität, Plastizität und Festigkeit der Baustoffe und Bauteile. Durchgesehener und erweiterter Neudruck. 159 Seiten mit 18 Bildern. 1952 . . . . Bd. 1144
II: Formänderung, Platten, Stabilität und Bruchhypothesen. Bearb. von *W. Herberg* und *N. Dimitrov.* 187 Seiten mit 94 Bildern. 1955 . . . . Bd. 1145/1145a

Statik der Baukonstruktionen von *A. Teichmann.*
I: Grundlagen. 101 Seiten mit 51 Abbildungen und 8 Formentafeln. 1956 . . . . Bd. 119

Grundlagen des Stahlbetonbaus von *A. Troche.* 2., neubearbeitete und erweiterte Auflage. 208 Seiten mit 75 Abbildungen, 17 Bemessungstafeln und 20 Rechenbeispielen. 1953 . . . . Bd. 1078

Fenster, Türen, Tore aus Holz und Metall. Eine Anleitung zu ihrer guten Gestaltung, wirtschaftlichen Bemessung und handwerksgerechten Konstruktion von *W. Wickop.* 4., überarbeitete Auflage. 155 Seiten mit 95 Abbildungen 1955 . . . . Bd. 1092

Die wichtigsten Baustoffe des Hoch- und Tiefbaus von *O. Graf.* 4., verbesserte Auflage. 131 Seiten mit 63 Abbildungen. 1953 . . . . Bd. 984

Baustoffverarbeitung und Baustellenprüfung des Betons von *A. Kleinlogel.* 2., neubearbeitete und erweiterte Auflage. 126 Seiten mit 35 Abbildungen. 1951 . . . . . Bd. 978

Heizung und Lüftung von *J. Körting †* und *W. Körting.* 8., neubearbeitete Auflage.
I: Das Wesen und die Berechnung der Heizungs- und Lüftungsanlagen. 140 Seiten mit 29 Abbildungen und 18 Zahlentafeln. 1951 . . . . Bd. 342
II: Die Ausführung der Heizungs- und Lüftungsanlagen. 152 Seiten mit 165 Abbildungen und 7 Zahlentafeln. 1954 . . . . Bd. 343

SAMMLUNG GÖSCHEN - BANDNUMMERNFOLGE

1 Langosch, Der Nibelunge Nôt
3 vom Ende, Maschinenelemente
9 Marcard-Beck, Dampfkessel I
13 Lotze, Geologie
20 Hofstaetter-Spree, Dt. Sprachlehre
29 Brauns-Chudoba, Allg. Mineralogie
30 Eckert-Greifendorff-Kleffner, Kartenkunde
31 Brauns-Chudoba, Spez. Mineralogie
35 Treue, Deutsche Geschichte
37 Klemm, Anorganische Chemie
38/38a Schlenk, Organ. Chemie
42 Behn, Vorgeschichte Europas
51 Bürklen-Ringleb, Mathematische Formelsammlung
60 Biehle, Stimmkunde
61 Biehle, Redetechnik
66 Berneker-Vasmer, Russische Grammatik
70 Nestle, Griech. Literaturgesch. I
71 Schulze, Allgem. und physikalische Chemie I
76 Döring, Einführg. i. d. theoret. Physik I
77 Döring, Einführg. i. d. theoret. Physik II
78 Döring, Einführg. i. d. theoret. Physik III
79 Hempel, Got. Elementarbuch
80 Weigert, Stilkunde I
96 Hartmann, Allg. Biologie
101 v. Wiese, Soziologie
103 Dahrendorf, Industrie- und Betriebssoziologie
104/104a Hofstätter, Sozialpsychol.
111 Hoffmann-Debrunner, Geschichte der griech. Sprache I
114 Debrunner, Geschichte der griech. Sprache II
117 Brandenstein, Griechische Sprachwissenschaft I
118 Brandenstein, Griechische Sprachwissenschaft II
119 Teichmann, Statik der Baukonstruktionen
125 Vossler, Italienische Literaturgeschichte
128/128a Lausberg, Roman. Sprachwiss. I
136 Mahler, Physikalische Formelsammlung
141 Geitler, Morphologie der Pflanzen
142 Haack, Darst. Geometrie I
143 Haack, Darst. Geometrie II
144 Haack, Darst. Geometrie III
145 Weimer, Geschichte der Pädagogik
146 Witting, Repetitorium und Aufgabensammlung zur Differentialrechnung
147 Witting, Repetitorium und Aufgabensammlung zur Integralrechnung
156/156a Landmann, Philosoph. Anthropologie
170 Oehlmann, Musik des 19. Jahrhunderts
173 Bruhns-Ramdohr, Petrographie
180 Böhm, Versicherungsmathematik I
184 Blümcke, Spinnerei und Zwirnerei
196 Mohr, Grundlagen der Elektrotechnik I
197 Mohr, Grundlagen der Elektrotechnik II
200/200a Gottschald, Dt. Rechtschreibungswörterbuch
210 Bruhns-Ramdohr, Kristallographie
220/220a Moser, Allgemeine Musiklehre
221 Jander-Jahr, Maßanalyse I
222 Hassak-Beutel, Warenkunde I
223 Hassak-Beutel, Warenkunde II
226 Hofmann, Geschichte der Mathematik I
228 Vogel, Landw. Tierzucht
230 Krieger, Bad. Geschichte
238 Krahe, German. Sprachwiss. I
243 Mahler, Physikal. Aufgabensammlung
247 Hoppe, Analytische Chemie I
248 Hoppe, Analytische Chemie II
250 Lausberg, Roman. Sprachwiss. II
252 Dassler, Elektrochemie I
253 Dassler, Elektrochemie II
256 Haussner, Aufgabensammlung zur analytischen Geometrie der Ebene
257 Humburg, Die Gleichstrommaschine I

264 Lockemann, Geschichte der Chemie I
265/265a Lockemann, Geschichte der Chemie II
270 Kirn, Einführung in die Geschichtswissenschaft
274 Zietemann, Dampfturbinen I
279 Jacob, Quellenkunde der deutschen Geschichte I
280 Jacob, Quellenkunde der deutschen Geschichte II
281 Leisegang, Einführung in die Philosophie
284 Jacob-Weden, Quellenkunde der deutschen Geschichte III
318/318a Schmidt, Industrielle Kraft- und Wärmewirtschaft
319 Krug, Australien und Ozeanien
329 Scharrer, Agrikulturchemie I
330 Scharrer, Agrikulturchemie II
335 Braun-Klug, Fette und Öle
336 Braun-Klug, Seifenfabrikation
342 Körting, Heizung und Lüftung I
343 Körting, Heizung und Lüftung II
344 Moser, Musikästhetik
354 Valentiner, Vektoranalysis
355 Neger-Münch, Nadelhölzer
356 Lüdemann, Fische
374 Döring, Einführung in die theoretische Physik IV
375 Preller, Geschichte Englands I
394/394a Schilling, Von der Renaissance bis Kant
414/414a Tafel, Hebezeuge I
422 Gottschald, Dt. Personennamen
423 Adler, Fünfstell. Logarithmen
432 Borchers, Metallkunde I
433 Borchers, Metallkunde II
439 Jaeckel, Würmer
440 Jaeckel, Weichtiere
441 Jaeckel, Stachelhäuter
442 Hannemann, Schwämme und Hohltiere
443 Gruner-Deckert, Krebse
444 Reichenow, Protozoa
445 Asmus, Physikal.-chemische Rechenaufgaben
452 Bahrdt-Scheer, Stöchiometrische Aufgabensammlung
468 Werkmeister, Vermessungskunde I
469 Werkmeister, Vermessungskunde II
476 Thum-Meysenburg, Die Werkstoffe des Maschinenbaues I
483 Henglein, Lötrohrprobierkunde
492 Stolz-Debrunner, Geschichte der lateinischen Sprache
499 Niese, Autogen. Schweißen
500 Simmel, Hauptprobleme der Philosophie
521 Marcard-Beck, Dampfkessel und Feuerungen II
536 Lehmann, Kant
538 Rumpf, Archäologie I
539 Rumpf, Archäologie II
557 Nestle, Griechische Literaturgeschichte II
561 Matthes, Werkzeugmaschinen I
562 Matthes, Werkzeugmasch. II
564 Behn, Kultur der Urzeit I
565 Behn, Kultur der Urzeit II
566 Behn, Kultur der Urzeit III
571 Lehmann, Philosophie des 19. Jahrhunderts
576/576a Moser, Gesangskunst
579 Müller-Schulze, Techn. Tabellen
585 Dehnert, Verkehrswasserbau I
589 Tochtermann, Maschinenzeichnen I
590 Tochtermann, Maschinenzeichnen II
594 Lengerken, Insekten
597 Dehnert, Verkehrswasserbau II
619 Buchwald, Kristalloptik
665 Ludin, Wasserkraftanlagen I
666 Ludin, Wasserkraftanlagen II
668 Knopp, Funktionentheorie I
691 Fauser, Kulturtechn. Bodenverbesserungen I
692 Fauser, Kulturtechn. Bodenverbesserungen II
698/698a Schulze, Allgemeine und physikalische Chemie II
703 Knopp, Funktionentheorie II
709 Lehmann, Philosophie des 19. Jahrhunderts II
711 Kesselring, Berechnung der Schaltgeräte
714/714a zur Megede, Einführung in die Technik selbsttätiger Regelungen
715 Zietemann, Dampfturbinen II
716 Zietemann, Dampfturbinen III
718 Neger-Münch, Laubhölzer
735 Ekwall, Hist. neuengl. Laut- und Formenlehre
763/763a Beer-Meyer, Hebräische Grammatik I
764/764a Beer-Meyer, Hebräische Grammatik II

768 Bieberbach, Einführung in die konforme Abbildung
780 Krahe, Germ. Sprachwiss. II
781 Weigert, Stilkunde II
786 Schulze, Molekülbau
807 Kropp, Erkenntnistheorie I
809 Moser, Harmonielehre I
826 Koch, Philosophie des Mittelalters
827 Schwaiger, Elektromotorische Antriebe
845 Lehmann, Philosophie im ersten Drittel des 20. Jahrh.
847 Herter, Lurche
851 Moede, Psychologie des Berufs- und Wirtschaftslebens
856 Quelle, Iberoamerika
857 Capelle, Griech. Philosophie I
858 Capelle, Griech. Philosoph. II
859 Capelle, Griech. Philosoph. III
862 Werkmeister, Vermessungskunde III
863 Capelle, Griech. Philosoph. IV
877 Knopp, Aufgabensammlung zur Funktionentheorie I
878 Knopp, Aufgabensammlung zur Funktionentheorie II
881 Humburg, Gleichstrommaschine II
902 Müller, Dynamik I
903 Müller, Dynamik II
910 Jaeger, Afrika I
911 Jaeger, Afrika II
917/917a Böhm, Versicherungsmathematik II
920 Hoheisel, Gewöhnliche Differentialgleichungen
929 Schirmer, Dt. Wortkunde
930 Krull, Elementare und klassische Algebra I
931 Hasse, Höhere Algebra I
932 Hasse, Höhere Algebra II
952 Schäfer, Transformatoren
953 Zipperer, Techn. Schwingungslehre I
961/961a Zipperer, Techn. Schwingungslehre II
965 Dehnert, Wehr- u. Stauanlagen
970 Baldus-Löbell, Nichteuklid. Geometrie
972 Herter, Tierphysiologie I
973 Herter, Tierphysiologie II
978 Kleinlogel, Baustoffverarbeitung und Baustellenprüfung des Betons
984 Graf, Die wichtigsten Baustoffe des Hoch- und Tiefbaus
999/999a Kamke, Mengenlehre
1000 Jaspers, Geistige Situation
1002 Jander-Jahr, Maßanalyse II
1003 Hoheisel, Partielle Differentialgleichungen
1004 Jander-Jahr, Maßanalyse III
1008 Mellerowicz, Allgemeine Betriebswirtschaftslehre I
1009 Bechert-Gerthsen, Atomphysik I
1014 Huttenlocher, Mineral- und Erzlagerstättenkunde I
1015/1015a Huttenlocher, Mineral- und Erzlagerstättenkunde II
1021 Niese-Dienst, Elektr. Schweißverfahren
1031 Apel, Philosophisches Wörterbuch
1033 Bechert-Gerthsen, Atomphysik II
1043 Kranefeldt, Therapeutische Psychologie
1039 Dovifat, Zeitungslehre I
1040 Dovifat, Zeitungslehre II
1044 Tölke, Talsperren
1045 Schubert, Technik des Klavierspiels
1051/1051a zu Stolberg-Wernigerode, Gesch. d. Verein. Staaten v. Amerika
1057 Roth, Thermochemie
1059 Hoheisel, Aufgabensammlg. z. d. gewöhnl. u. part. Differentialgleichungen
1061 Grodzinski, Getriebelehre I
1065 Haller, Von den Karolingern zu den Staufern
1070 Sauter, Differentialgleichungen der Physik
1078 Troche, Stahlbetonbau
1082 Hasse-Klobe, Aufgabensammlung zur Höheren Algebra
1084 Nusselt, Technische Thermodynamik I
1086 Müller, Dt. Dichten u. Denken
1088 Preller, Geschichte Engld. II
1092 Wickop, Fenster, Türen, Tore,
1094 Hernried, System. Modulation
1105 Hartung, Dt. Geschichte im Zeitalter der Reformation
1108 de Boor-Wisniewski, Mittelhochdeutsche Grammatik
1109 Knopp, Elemente der Funktionentheorie
1111 Naumann-Betz, Althochdeutsches Elementarbuch

AUTORENREGISTER

FSC
www.fsc.org
MIX
Papier | Fördert gute Waldnutzung
FSC® C083411

Kolibri 360 GmbH
Ferdinand-Jühlke-Straße 7
99095 Erfurt, Deutschland
produktsicherheit@kolibri360.de